国家自然科技资源共享平台项目资助

农作物种质资源技术规范丛书4-44

# 山药种质资源描述规范和数据标准

## Descriptors and Data Standard for Yam

### (*Dioscorea* spp.)

王海平　沈　镝　等　编著

U0272280

中国农业科学技术出版社

图书在版编目（CIP）数据

山药种质资源描述规范和数据标准／王海平，沈　镝等编著．—北京：
中国农业科学技术出版社，2014.11
（农作物种质资源技术规范丛书）
ISBN 978－7－5116－1845－0

Ⅰ.①山…　Ⅱ.①王…②沈…　Ⅲ.①山药－种质资源－描写－规范
②山药－种质资源－数据－标准　Ⅳ.①S632.1－65

中国版本图书馆 CIP 数据核字（2014）第 235923 号

责任编辑　张孝安
责任校对　贾晓红

出 版 者　中国农业科学技术出版社
　　　　　北京市中关村南大街 12 号　邮编：100081
电　　话　（010）82109708（编辑室）　（010）82109704（发行部）
　　　　　（010）82109709（读者服务部）
传　　真　（010）82106650
网　　址　http：//www.castp.cn
经 销 者　各地新华书店
印 刷 者　北京科信印刷有限公司
开　　本　710 mm×1 000 mm　1/16
印　　张　5.375
字　　数　110 千字
版　　次　2014 年 11 月第 1 版　2014 年 11 月第 1 次印刷
定　　价　35.00 元

# 《农作物种质资源技术规范》
# 总 编 辑 委 员 会

**主　任**　董玉琛　刘　旭

**副主任**　（以姓氏笔画为序）

万建民　王述民　王宗礼　卢新雄　江用文

李立会　李锡香　杨亚军　高卫东

曹永生（常务）

**委　员**　（以姓氏笔画为序）

| | | | | |
|---|---|---|---|---|
| 万建民 | 马双武 | 马晓岗 | 王力荣 | 王天宇 |
| 王克晶 | 王志德 | 王述民 | 王玉富 | 王宗礼 |
| 王佩芝 | 王坤坡 | 王星玉 | 王晓鸣 | 云锦凤 |
| 方智远 | 方嘉禾 | 石云素 | 卢新雄 | 叶志华 |
| 成　浩 | 伍晓明 | 朱志华 | 朱德蔚 | 刘　旭 |
| 刘凤之 | 刘庆忠 | 刘威生 | 刘崇怀 | 刘喜才 |
| 江　东 | 江用文 | 许秀淡 | 孙日飞 | 李立会 |
| 李向华 | 李秀全 | 李志勇 | 李登科 | 李锡香 |
| 杜雄明 | 杜永臣 | 严兴初 | 吴新宏 | 杨　勇 |
| 杨亚军 | 杨庆文 | 杨欣明 | 沈　镝 | 沈育杰 |
| 邱丽娟 | 陆　平 | 张　京 | 张　林 | 张大海 |
| 张冰冰 | 张　辉 | 张允刚 | 张运涛 | 张秀荣 |
| 张宗文 | 张燕卿 | 陈　亮 | 陈成斌 | 宗绪晓 |

郑殿升　房伯平　范源洪　欧良喜　周传生

赵来喜　赵密珍　俞明亮　郭小丁　姜　全

姜慧芳　柯卫东　胡红菊　胡忠荣　娄希祉

高卫东　高洪文　袁　清　唐　君　曹永生

曹卫东　曹玉芬　黄华孙　黄秉智　龚友才

崔　平　揭雨成　程须珍　董玉琛　董永平

粟建光　韩龙植　蔡　青　熊兴平　黎　裕

潘一乐　潘大建　魏兴华　魏利青

**总审校**　娄希祉　曹永生　刘　旭

# 《山药种质资源描述规范和数据标准》
## 编 写 委 员 会

**主　编**　王海平　沈　镝

**执笔人**　王海平　沈　镝　李锡香　宋江萍

**审稿人**　(以姓氏笔画为序)

　　　　　方智远　王　素　王德槟　朱德蔚　江用文　许　勇

　　　　　张宝海　张振贤　张德纯　李润淮　杜永臣　范双喜

　　　　　祝　旅　徐兆生　戚春章

**审　校**　曹永生

# 《农作物种质资源技术规范》

# 前　言

　　农作物种质资源是人类生存和发展最有价值的宝贵财富，是国家重要的战略性资源，是作物育种、生物科学研究和农业生产的物质基础，是实现粮食安全、生态安全与农业可持续发展的重要保障。中国农作物种质资源种类多、数量大，以其丰富性和独特性在国际上占有重要地位。经过广大农业科技工作者多年的努力，目前，已收集保存了 38 万份种质资源，积累了大量科学数据和技术资料，为制定农作物种质资源技术规范奠定了良好的基础。

　　农作物种质资源技术规范的制定是实现中国农作物种质资源工作标准化、信息化和现代化，促进农作物种质资源事业跨越式发展的一项重要任务，是农作物种质资源研究的迫切需要。其主要作用是：①规范农作物种质资源的收集、整理、保存、鉴定、评价和利用；②度量农作物种质资源的遗传多样性和丰富度；③确保农作物种质资源的遗传完整性，拓宽利用价值，提高使用时效；④提高农作物种质资源整合的效率，实现种质资源的充分共享和高效利用。

　　《农作物种质资源技术规范》是国内首次出版的农作物种质资源基础工具书，是农作物种质资源考察收集、整理鉴定、保存利用的技术手册，其主要特点：①植物分类、生态、形态，农艺、生理生化、植物保护和计算机等多学科交叉集成，具有创新性；②综合运用国内外有关标准规范和技术方法的最新研究成果，具有先进性；③由实践经验丰富和理论水平高的科学家编审，科学性、系统性和实用性强，具有权威性；④资料翔实、结构严谨、形式新颖、图文并茂，具有可操作性；⑤规定了粮食作物、经济作物、蔬菜、果树、牧草绿肥五大类 100 多种作物种质资源的描述规范、数据标准和数据质量控制规范，以及收集、整理、保存技术规程，内容丰富，具有完整性。

《农作物种质资源技术规范》是在农作物种质资源 50 多年科研工作的基础上，参照国内外相关技术标准和先进方法，组织全国 40 多个科研单位，500 多名科技人员进行编撰，并在全国范围内征求了 2 000 多位专家的意见，召开了近百次专家咨询会议，经反复修改后形成的。《农作物种质资源技术规范》按不同作物分册出版，共计 100 余册，便于查阅使用。

《农作物种质资源技术规范》的编撰出版，是国家自然科技资源共享平台建设的重要任务之一。国家自然科技资源共享平台项目由科技部和财政部共同立项，各资源领域主管部门积极参与，科技部农村与社会发展司精心组织实施，农业部科技教育司具体指导，并得到中国农业科学院的全力支持及全国有关科研单位、高等院校及生产部门的大力协助，在此谨致诚挚的谢意。由于时间紧、任务重、缺乏经验，书中难免有疏漏之处，恳请读者批评指正，以便修订。

总编辑委员会

# 前　言

　　山药为薯蓣科（Dioscoreaceae）薯蓣属（*Dioscorea*）中几个栽培种的总称，学名 *Dioscorea* spp.，别名脚板苕、山薯等，是一年生或多年生缠绕性藤本植物，能形成肥大的地下肉质块茎供为食用或药用，营养价值高。

　　山药按物种起源地分 3 群，即亚洲群、美洲群和非洲群。亚洲群和非洲群染色体基数 $=10$，美洲群 $x=9$。亚洲群的主要栽培种 6 个，美洲群有 1 个，非洲群 2 个。我国是山药重要原产地和驯化中心，山药品种资源甚为丰富，有 2 个种：普通山药（*Dioscorea batatas* Decne），染色体 $2n=4x=40$，原产中国亚热带地区 $50\sim100$m 山地，是由 *Dioscorea japonica* 演变而来。为长山药与棒山药 2 个变种。长山药变种分为浅裂三角形叶、深裂三角形叶和长心形叶 3 个品种群。棒山药变种为 1 个品种群。田薯（*Dioscorea alata* L.），染色体 $2n=3x=30$，原产中国热带地区广东省、福建省、台湾省等以及东南亚一带，分为长柱形、圆筒形和扁块形 3 个变种。长柱形变种分为白肉品种群与淡黄肉品种群；圆筒形变种和扁块形变种又各分为白肉品种群和紫红肉品种群。

　　世界各国普遍栽培山药，有些热带国家以山药为主食。西非及尼日利亚产量最高，约占世界总产量的 1/2。中国除西藏自治区外各地普遍栽培，主要为普通山药和田薯，普通山药在中部、北部省区分布较广，田薯在南部台湾省、广东省、福建省、江西省等省区普遍栽培。

　　全世界山药收获总面积 82.67 万 $hm^2$，总产量 12 985.36 万 t。中国山药收获面积 65.94 万 $hm^2$，总产量 1 101.10 万 t，收获面积及单产居世界第一位（FAO，2004）。山药在中国农产品出口贸易中亦占有重要地位，

2005 年出口 1.95 万 t，仅次于美国，位居世界第二位。

山药种质资源是山药品种选育、遗传理论研究、生物技术研究和农业生产的重要物质基础。世界各地非常重视山药种质资源的收集保存。美国国家农作物种质资源库保存有来自 35 个国家的 401 份山药种质资源。中国山药种质资源丰富，在国家无性及多年生种质资源圃中已收集保存山药种质资源 44 份，主要为来自中国各省市的地方品种。

规范标准是国家自然科技资源共享平台建设的基础，山药种质资源描述规范和数据标准的制定是国家农作物种质资源平台建设的重要内容。制定统一的山药种质资源规范标准，有利于整合全国山药种质资源，规范山药种质资源的收集、整理和保存等基础性工作，创造良好的资源和信息共享环境和条件；有利于保护和利用山药种质资源，充分挖掘其潜在的经济、社会和生态价值，促进全国山药种质资源研究的有序和高效发展。

山药种质资源描述规范规定了山药种质资源的描述符及其分级标准，以便对山药种质资源进行标准化整理和数字化表达。山药种质资源数据标准规定了山药种质资源各描述符的字段名称、类型、长度、小数位、代码等，以便建立统一的、规范的山药种质资源数据库。山药种质资源数据质量控制规范规定了山药种质资源数据采集全过程中的质量控制内容和质量控制方法，以保证数据的系统性、可比性和可靠性。

《山药种质资源描述规范和数据标准》由中国农业科学院蔬菜花卉研究所主持编写，并得到了全国山药科研、教学和生产单位的大力支持。在编写过程中，参考了国内外相关文献，由于篇幅所限，书中仅列主要参考文献。在此一并向支持单位和文献作者致谢。由于编著者水平有限，错误和疏漏之处在所难免，恳请批评指正。

编著者

# 目　　录

一　山药种质资源描述规范和数据标准制定的原则和方法 …………………（1）

二　山药种质资源描述简表 …………………………………………………（3）

三　山药种质资源描述规范 …………………………………………………（8）

四　山药种质资源数据标准 …………………………………………………（26）

五　山药种质资源数据质量控制规范 ………………………………………（40）

六　山药种质资源数据采集表 ………………………………………………（62）

七　山药种质资源利用情况报告格式 ………………………………………（66）

八　山药种质资源利用情况登记表 …………………………………………（67）


主要参考文献 …………………………………………………………………（68）

《农作物种质资源技术规范丛书》分册目录 ………………………………（69）

# 一 山药种质资源描述规范和数据标准制定的原则和方法

## 1 山药种质资源描述规范制定的原则和方法

### 1.1 原则

1.1.1 优先采用现有数据库中的描述符和描述标准。

1.1.2 以种质资源研究和育种需求为主，兼顾生产与市场需要。

1.1.3 立足中国现有基础，考虑将来发展，尽量与国际接轨。

### 1.2 方法和要求

1.2.1 描述符类别分为5类。

    1    基本信息

    2    形态特征和生物学特性

    3    品质特性

    4    抗逆性

    5    抗病虫性

    6    其他特征特性

1.2.2 描述符代号由描述符类别加两位顺序号组成，如"110"、"208"、"501"等。

1.2.3 描述符性质分为3类。

    M    必选描述符（所有种质必须鉴定评价的描述符）

    O    可选描述符（可选择鉴定评价的描述符）

    C    条件描述符（只对特定种质进行鉴定评价的描述符）

1.2.4 描述符的代码应是有序的，如数量性状从细到粗、从低到高、从小到大、从少到多排列，颜色从浅到深，抗性从强到弱等。

1.2.5 每个描述符应有一个基本的定义或说明，数量性状应标明单位，质量性状应有评价标准和等级划分。

1.2.6 植物学形态描述符应附模式图。

1.2.7 重要数量性状应以数值表示。

## 2 山药种质资源数据标准制定的原则和方法

### 2.1 原则

2.1.1 数据标准中的描述符应与描述规范相一致。

2.1.2 数据标准应优先考虑现有数据库中的数据标准。

### 2.2 方法和要求

2.2.1 数据标准中的代号应与描述规范中的代号一致。

2.2.2 字段名最长 12 位。

2.2.3 字段类型分字符型（C）、数值型（N）和日期型（D）。日期型的格式为 YYYYMMDD。

2.2.4 经度的类型为 N，格式为 DDDFF；纬度的类型为 N，格式为 DDFF，其中，D 为度，F 为分；东经以正数表示，西经以负数表示；北纬以正数表示，南纬以负数表示，如"12136"，"3921"。

## 3 山药种质资源数据质量控制规范制定的原则和方法

### 3.1 原则

3.1.1 采集的数据应具有系统性、可比性和可靠性。

3.1.2 数据质量控制以过程控制为主，兼顾结果控制。

3.1.3 数据质量控制方法应具有可操作性。

### 3.2 方法和要求

3.2.1 鉴定评价方法以现行国家标准和行业标准为首选依据；如无国家标准和行业标准，则以国际标准或国内比较公认的先进方法为依据。

3.2.2 每个描述符的质量控制应包括田间设计，样本数或群体大小，时间或时期，取样数和取样方法，计量单位、精度和允许误差，采用的鉴定评价规范和标准，采用的仪器设备，性状的观测和等级划分方法，数据校验和数据分析。

# 二 山药种质资源描述简表

| 序号 | 代号 | 描述符 | 描述符性质 | 单位或代码 |
|---|---|---|---|---|
| 1 | 101 | 全国统一编号 | M | |
| 2 | 102 | 种质圃编号 | M | |
| 3 | 103 | 引种号 | C/国外种质 | |
| 4 | 104 | 采集号 | C/野生资源和地方品种 | |
| 5 | 105 | 种质名称 | M | |
| 6 | 106 | 种质外文名 | M | |
| 7 | 107 | 科名 | M | |
| 8 | 108 | 属名 | M | |
| 9 | 109 | 学名 | M | |
| 10 | 110 | 原产国 | M | |
| 11 | 111 | 原产省 | M | |
| 12 | 112 | 原产地 | M | |
| 13 | 113 | 海拔 | C/野生资源和地方品种 | m |
| 14 | 114 | 经度 | C/野生资源和地方品种 | |
| 15 | 115 | 纬度 | C/野生资源和地方品种 | |
| 16 | 116 | 来源地 | M | |
| 17 | 117 | 保存单位 | M | |
| 18 | 118 | 保存单位编号 | M | |
| 19 | 119 | 系谱 | C/选育品种或品系 | |
| 20 | 120 | 选育单位 | C/选育品种或品系 | |
| 21 | 121 | 育成年份 | C/选育品种或品系 | |
| 22 | 122 | 选育方法 | C/选育品种或品系 | |
| 23 | 123 | 种质类型 | M | 1:野生资源　　2:地方品种<br>3:选育品种　　4:品系<br>5:遗传材料　　6:其他 |
| 24 | 124 | 图像 | O | |

（续表）

| 序号 | 代号 | 描述符 | 描述符性质 | 单位或代码 |
|------|------|--------|------------|------------|
| 25 | 125 | 观测地点 | M | |
| 26 | 201 | 株型 | M | 1:矮生　　2:灌木型　　3:匍匐型 |
| 27 | 202 | 蔓盘绕习性 | M | 0:无　　1:顺时　　2:逆时 |
| 28 | 203 | 嫩茎长 | M | cm |
| 29 | 204 | 蔓数 | M | 条 |
| 30 | 205 | 蔓长 | M | 1：<2m　　2:2~10m　　3：>10m |
| 31 | 206 | 节间长 | M | cm |
| 32 | 207 | 茎粗 | M | mm |
| 33 | 208 | 茎色 | M | 1:绿色　　2:紫绿色　　3:褐绿色<br>4:黑绿色　　5:紫色 |
| 34 | 209 | 分枝数 | M | 枝 |
| 35 | 210 | 裂纹有无 | M | 0:无　　1:有 |
| 36 | 211 | 蜡质有无 | O | 0:无　　1:有 |
| 37 | 212 | 单株叶数 | M | 片 |
| 38 | 213 | 叶密度 | M | 1:低　　2:中　　3:高 |
| 39 | 214 | 叶型 | M | 1:单叶　　2:复叶 |
| 40 | 215 | 叶形 | M | 1:卵形　　2:心形　　3:剑形<br>4:戟形 |
| 41 | 216 | 叶尖 | M | 1:钝尖　　2:锐尖　　3:凹陷 |
| 42 | 217 | 叶耳间距 | M | 0:无　　1:小　　2:大 |
| 43 | 218 | 叶缘 | M | 1:全缘　　2:锯齿状 |
| 44 | 219 | 叶缘色 | M | 1:绿色　　2:紫色 |
| 45 | 220 | 叶裂刻 | M | 0:无　　1:浅　　2:深 |
| 46 | 221 | 叶面蜡质分布 | O | 0:无　　1:叶正面　　2:叶背面<br>3:双面 |
| 47 | 222 | 叶色 | M | 1:黄绿色　　2:灰绿色　　3:深绿色<br>4:紫绿色　　5:紫色 |
| 48 | 223 | 叶长 | M | cm |
| 49 | 224 | 叶宽 | M | cm |
| 50 | 225 | 叶厚 | O | 1:薄　　2:中　　3:厚 |

（续表）

| 序号 | 代号 | 描述符 | 描述符性质 | 单位或代码 |
|---|---|---|---|---|
| 51 | 226 | 叶柄色 | O | 1:绿色基部紫色　　　2:浅绿色<br>3:绿色　　4:紫红色 |
| 52 | 227 | 叶柄茸毛 | O | 1:稀　　　2:密 |
| 53 | 228 | 叶柄长 | O | cm |
| 54 | 229 | 叶脉色 | O | 1:黄绿色　2:绿色　　3:灰紫色<br>4:紫色 |
| 55 | 230 | 卷须有无 | M | 0:无　　　1:有 |
| 56 | 231 | 卷须形状 | M | 1:较直　　2:轻度卷曲　3:重度卷曲 |
| 57 | 232 | 叶翻卷 | M | 0:无　　　1:弱　　　2:强 |
| 58 | 233 | 托叶有无 | M | 0:无　　　1:有 |
| 59 | 234 | 零余子有无 | M | 0:无　　　1:有 |
| 60 | 235 | 零余子形状 | C | 1:圆　　2:椭圆　　3:长棒<br>4:不规则 |
| 61 | 236 | 零余子表皮色 | C | 1:灰色　　2:浅褐色　　3:深褐色 |
| 62 | 237 | 零余子表皮 | C | 1:光滑　　2:粗糙　　3:皱褶 |
| 63 | 238 | 零余子表皮厚 | C | 1:薄　　　2:厚 |
| 64 | 239 | 零余子肉色 | C | 1:白色　　2:黄白色　　3:橙黄色<br>4:紫色　　5:白紫色　　6:杂色 |
| 65 | 240 | 零余子直径 | C | 1:≤1cm　　2:2~5cm<br>3:6~10cm 4:>10cm |
| 66 | 241 | 零余子重 | C | g |
| 67 | 242 | 块茎有无 | C | 0:无　　　1:有 |
| 68 | 243 | 块茎类型 | C | 1:根状茎　2:块状茎 |
| 69 | 244 | 每丛块茎数 | C | 块 |
| 70 | 245 | 块茎紧密度 | C | 1:疏散独立2:紧密独立 3:不独立 |
| 71 | 246 | 块茎形状 | C | 1:近圆　　2:卵形　　3:长卵<br>4:圆柱　　5:扁平　　6:脚状<br>7:不规则 |
| 72 | 247 | 块茎分枝 | C | 0:无分枝　1:二分枝　2:多分枝 |
| 73 | 248 | 块茎根毛密度 | C | 1:少　　　2:多 |

(续表)

| 序号 | 代号 | 描述符 | 描述符性质 | 单位或代码 |
|---|---|---|---|---|
| 74 | 249 | 块茎根毛分布 | C | 1:底部　　2:中部　　　3:上部<br>4:全部 |
| 75 | 250 | 块茎表皮褶皱 | C | 0:光滑　　1:少皱　　　2:多皱 |
| 76 | 251 | 块茎表皮色 | C | 1:浅褐色　2:褐色　　　3:灰色 |
| 77 | 252 | 块茎硬度 | C | 1:硬　　　2:软 |
| 78 | 253 | 块茎肉色 | C | 1:乳白色　2:黄白色　　　3:浅紫色<br>4:紫色　　5:紫白色　　　6:外缘紫色 |
| 79 | 254 | 肉质褐化 | C | 1:<1min　2:1~2min　　3:>2min |
| 80 | 255 | 肉质胶质 | C | 1:少　　　2:中　　　　3:多 |
| 81 | 256 | 肉质胶质刺激性 | C | 1:弱　　　2:中　　　　3:强 |
| 82 | 257 | 块茎长 | C | cm |
| 83 | 258 | 块茎宽 | C | cm |
| 84 | 259 | 肉质胶质刺激性 | C | 1:强　　　2:中　　　　3:弱 |
| 85 | 260 | 球茎有无 | C | 0:无　　　1:有 |
| 86 | 261 | 球茎与块茎分离 | C | 1:易　　　2:难 |
| 87 | 262 | 球茎类型 | C | 1:规则　　2:横向拉长　3:分枝 |
| 88 | 263 | 开花习性 | O | 0:不开花　1:有时开花　2:每年开花 |
| 89 | 264 | 花序类型 | C | 1:穗状花序2:总状花序　3:圆锥花序 |
| 90 | 265 | 性型 | C | 1:雌株　　2:雄株<br>3:雌株<雄株　4:雄株<雌株 |
| 91 | 266 | 花序着生状态 | C | 1:向上　　2:向下 |
| 92 | 267 | 每节花序数 | C | 序 |
| 93 | 268 | 每序花数 | C | 朵 |
| 94 | 269 | 花序长 | C | cm |
| 95 | 270 | 花色 | C | 1:白色　　2:黄色　　　3:紫色 |
| 96 | 271 | 果实有无 | O | 0:无　　　1:有 |
| 97 | 272 | 果实着生状态 | C | 1:向上　　2:向下 |
| 98 | 273 | 种子有无 | C | 0:无　　　1:有 |

| 序号 | 代号 | 描述符 | 描述符性质 | 单位或代码 |
|---|---|---|---|---|
| 99 | 274 | 种子千粒重 | C | g |
| 100 | 275 | 单产 | M | kg/hm² |
| 101 | 276 | 形态一致性 | M | 1:一致　　2:连续变异<br>3:不连续变异 |
| 102 | 277 | 播种期 | M | |
| 103 | 278 | 出苗期 | M | |
| 104 | 279 | 收获期 | M | |
| 105 | 301 | 肉质 | O | 1:致密　　2:松软 |
| 106 | 302 | 块茎黏性 | O | 3:强　　5:中　　7:弱 |
| 107 | 303 | 品质 | O | 3:上　　5:中　　7:下 |
| 108 | 304 | 水分含量 | O | % |
| 109 | 305 | 维生素C<br>含量 | O | $10^{-2}$ mg/g |
| 110 | 306 | 粗蛋白含量 | O | % |
| 111 | 307 | 可溶性糖含量 | O | % |
| 112 | 308 | 淀粉含量 | O | % |
| 113 | 309 | 耐贮藏性 | O | 3:强　　5:中　　7:弱 |
| 114 | 401 | 白涩病抗性 | O | 0:免疫　　1:高抗　　3:抗病<br>5:中抗　　7:感病　　9:高感 |
| 115 | 501 | 食用器官 | O | 1:块茎　　2:零余子 |
| 116 | 502 | 用途 | O | 1:生食　　2:熟食　　3:加工 |
| 117 | 503 | 核型 | O | |
| 118 | 504 | 分子标记 | O | |
| 119 | 505 | 备注 | O | |

# 三  山药种质资源描述规范

## 1  范围

本规范规定了山药种质资源的描述符及其分级标准。

本规范适用于山药种质资源的收集、整理和保存，数据标准和数据质量控制规范的制定，以及数据库和信息共享网络系统的建立。

## 2  规范性引用文件

下列文件中的条款通过本规范的引用而成为本规范的条款。凡是注日期的引用文件，其随后所有的修改单（不包括勘误的内容）或修订版均不适用于本规范，然而，鼓励根据本规范达成协议的各方研究是否可使用这些文件的最新版本。凡是不注日期的引用文件，其最新版本适用于本规范。

ISO 3166 Codes for the Representation of Names of Countries

GB/T 2260 中华人民共和国行政区划代码

GB/T 12404 单位隶属关系代码

GB/T 8854—1988 蔬菜名称（一）

GB/T 10466—1989 蔬菜、水果形态学和结构学术语（一）

GB/T 3543—1995 农作物种子检验规程

GB/T 10220—1988 感官分析方法总论

## 3  术语和定义

### 3.1  山药

山药为薯蓣科（Dioscoreaceae）薯蓣属（*Dioscorea*）中一年生或多年生缠绕性藤本植物，能形成肥大的地下肉质块茎供为食用或药用。学名 *Dioscorea* spp.，别名脚板苕、山薯等。染色体分别 $2n = 4x = 40$ 和 $2n = 3x = 30$。

### 3.2  山药种质资源

山药野生资源、地方品种、选育品种、品系、遗传材料等。

## 3.3 基本信息

山药种质资源基本情况描述信息，包括全国统一编号、种质名称、学名、原产地、种质类型等。

## 3.4 形态特征和生物学特性

山药种质资源的物候期、植物学形态、产量性状等特征特性。

## 3.5 品质性状

山药种质资源产品器官的商品品质、感官品质和营养品质性状。商品品质性状主要指山药产品器官的外观品质；感官品质性状主要指产品器官的外观品质；营养品质性状包括维生素 C 含量、粗蛋白含量等。

## 3.6 抗逆性

山药种质资源对各种非生物胁迫的适应或抵抗能力，包括耐热性、耐旱性、耐涝性等。

## 3.7 抗病虫性

山药种质资源对各种生物胁迫的适应或抵抗能力，对白涩病抗性等。

## 3.8 性型

山药雌雄异株，极小，绿白色，均成穗状，雄花序直立，雌花序下生。蒴果有 3 翅。

## 3.9 山药生育周期

山药生育周期分为营养生长期和生殖生长期。从种子萌发开始出苗为发芽期。从花芽分化到抽薹、现蕾、开花、结籽、种子成熟的这一段时期，为生殖生长时期。本标准规定产品收获期为山药块茎营养生长达到最大。

## 4 基本信息

### 4.1 全国统一编号

种质的唯一标识号，山药种质资源的全国统一编号由"V10S"加 4 位顺序号组成。

### 4.2 种质圃编号

山药种质资源在国家蔬菜种质资源圃中的编号，由"N10S"加 4 位顺序号组成。

### 4.3 引种号

山药种质从国外引入时赋予的编号。

### 4.4 采集号

山药种质在野外采集时赋予的编号。

### 4.5 种质名称

山药种质的中文名称。

### 4.6 种质外文名

国外引进种质的外文名或国内种质的汉语拼音名。

### 4.7 科名

薯蓣科（Dioscoreaceae）。

### 4.8 属名

薯蓣属（*Dioscorea*）。

### 4.9 学名

山药学名为 *Dioscorea* spp.。

### 4.10 原产国

山药种质原产国家名称、地区名称或国际组织名称。

### 4.11 原产省

国内山药种质原产省份名称；国外引进种质原产国家一级行政区的名称。

### 4.12 原产地

国内山药种质的原产县、乡、村名称。

### 4.13 海拔

山药种质原产地的海拔高度，单位为 m。

### 4.14 经度

山药种质原产地的经度，单位为（°）和（′）。格式为 DDDFF，其中，DDD 为度，FF 为分。

### 4.15 纬度

山药种质原产地的纬度，单位（°）和（′）。格式为 DDFF，其中，DD 为度，FF 为分。

### 4.16 来源地

国外引进山药种质的来源国家名称，地区名称或国际组织名称；国内种质的来源省、县名称。

### 4.17 保存单位

山药种质提交国家农作物种质资源长期库前的原保存单位名称。

### 4.18 保存单位编号

山药种质原保存单位赋予的种质编号。

### 4.19 系谱

山药选育品种（系）的亲缘关系。

### 4.20 选育单位

选育山药品种（系）的单位名称或个人。

#### 4.21 育成年份

山药品种（系）培育成功的年份。

#### 4.22 选育方法

山药品种（系）的育种方法。

#### 4.23 种质类型

山药种质类型分为6类。

    1    野生资源

    2    地方品种

    3    选育品种

    4    品系

    5    遗传材料

    6    其他

#### 4.24 图像

山药种质的图像文件名。图像格式为.jpg。

#### 4.25 观测地点

山药种质形态特征和生物学特性观测地点的名称。

## 5 形态特征和生物学特性

#### 5.1 株型

根据植株的生长姿态分3种类型。

    1    矮生

    2    灌木型

    3    匍匐型

#### 5.2 蔓盘绕习性

出苗20天后，根据植株嫩蔓是否盘绕及盘绕方向将蔓盘绕习性分为3种类型。

    0    无

    1    顺时

    2    逆时

#### 5.3 嫩茎长

出苗20天后，嫩蔓自土壤表面至蔓顶部的高度。单位为cm。

#### 5.4 蔓数

收获期，每株丛中共生长出蔓的数量。单位为条。

## 5.5 蔓长

收获期，最长蔓的长度。根据长度分为 3 级。

    1     < 2m

    2     2 ~ 10m

    3     > 10m

## 5.6 节间长

收获期，茎蔓中部最长节间的长度。单位为 cm。

## 5.7 茎粗

收获期，茎蔓中部最长节间的直径。单位为 mm。

## 5.8 茎色

收获期，茎蔓中部节间的颜色。

    1     绿色

    2     紫绿色

    3     褐绿色

    4     黑绿色

    5     紫色

## 5.9 分枝数

收获期，每株丛抽生的分枝总数。单位为枝。

## 5.10 裂纹有无

收获期，植株茎蔓表皮裂纹有无。

## 5.11 蜡质有无

收获期，山药植株中部完全伸展叶蜡质有无。

    0     无

    1     有

## 5.12 单株叶数

收获期，每株丛共抽生的叶数。单位为片。

## 5.13 叶密度

收获期，植株叶片紧密程度。

    1     低

    2     中

    3     高

## 5.14 叶型

山药植株上部叶片的类型。

　　　1　　单叶

　　　2　　复叶

## 5.15　叶形

　　山药植株上部叶片的形状（图1）。

　　　1　　卵形

　　　2　　心形

　　　3　　剑形

　　　4　　戟形

1.卵形　　　2.心形　　　3.剑形　　　4.戟形

**图1　叶片形状**

## 5.16　叶尖

　　山药植株茎蔓中部叶片的叶尖的形状（图2）。

　　　1　　钝尖

　　　2　　锐尖

　　　3　　凹陷

1.钝尖　　　　2.锐尖　　　　3.凹陷

**图2　叶尖形状**

## 5.17　叶耳间距

　　收获期，山药植株茎蔓中部叶片叶耳间的距离大小（图3）。

　　　0　　无

　　　1　　小

　　　2　　大

## 5.18　叶缘

　　山药植株茎蔓中部叶片外缘的情况。

　　　1　　全缘

0.无    1.小    2.大

图 3    叶耳间距

    2    锯齿状

## 5.19　叶缘色

山药植株中部叶片叶缘的颜色。

    1    绿色

    2    紫色

## 5.20　叶裂刻

山药植株中部叶片裂刻的有无及深浅。

    0    无

    1    浅

    2    深

## 5.21　叶面蜡质分布

山药植株中部叶片正面及背面蜡质有无。

    0    无

    1    叶正面

    2    叶背面

    3    双面

## 5.22　叶色

山药植株中部叶片正面的颜色。

    1    黄绿色

    2    灰绿色

    3    深绿色

    4    紫绿色

    5    紫色

## 5.23　叶长

收获期，山药植株茎蔓中部最大叶片的长度（图4）。单位为 cm。

## 5.24　叶宽

收获期，山药植株茎蔓中部最大叶片的宽度（图4）。单位为 cm。

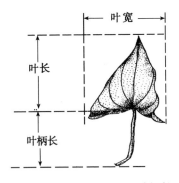

图 4　叶长、叶宽、叶柄长

**5.25　叶厚**

收获期，山药植株茎蔓中部最大叶片的薄厚程度。

　　　　1　薄

　　　　2　中

　　　　3　厚

**5.26　叶柄色**

生长盛期，山药植株茎蔓中部叶片的叶柄的颜色。

　　　　1　绿色基部紫色

　　　　2　浅绿色

　　　　3　绿色

　　　　4　紫红色

**5.27　叶柄茸毛**

生长盛期，山药植株茎蔓中部叶片的叶柄茸毛的稀密程度。

　　　　1　稀

　　　　2　密

**5.28　叶柄长**

生长盛期，山药植株茎蔓中部叶片的自叶柄基部至叶片基部的长度（图4）。

单位为 cm。

**5.29　叶脉色**

生长盛期，山药植株茎蔓中部叶片的叶脉的颜色。

　　　　1　黄绿色

　　　　2　绿色

　　　　3　灰紫色

　　　　4　紫色

### 5.30 卷须有无

生长盛期，主蔓上是否着生有卷须。

    0    无

    1    有

### 5.31 卷须形状

生长盛期，主蔓上卷须卷曲的程度。

    1    较直

    2    轻度卷曲

    3    重度卷曲

### 5.32 叶翻卷

生长盛期，山药植株茎蔓中部叶片的叶缘有无翻卷及翻卷程度。

    0    无

    1    弱

    2    强

### 5.33 托叶有无

生长盛期，山药植株茎蔓中部叶片的托叶有无。

    0    无

    1    有

### 5.34 零余子有无

山药植株在整个生育周期内是否形成零余子。

    0    无

    1    有

### 5.35 零余子形状

收获期，零余子的形状。

    1    圆

    2    椭圆

    3    长棒

    4    不规则

### 5.36 零余子表皮色

收获期，零余子表皮的颜色。

    1    灰色

    2    浅褐色

    3    深褐色

### 5.37 零余子表皮

收获期，零余子表皮是否光滑及粗糙程度。

1　光滑

2　粗糙

3　皱褶

## 5.38　零余子表皮厚

收获期，零余子表皮的薄厚程度。

1　薄

2　厚

## 5.39　零余子肉色

收获期，零余子横切面的肉质颜色。

1　白色

2　黄白色

3　橙黄色

4　紫色

5　白紫色

6　杂色

## 5.40　零余子直径

收获期，零余子最粗处的直径的大小。

1　≤1cm

2　2~5cm

3　6~10cm

4　>10cm

## 5.41　零余子重

收获期，零余子的质量。单位为g。

## 5.42　块茎有无

整个生育周期，山药是否形成地下块茎或根状茎。

0　无

1　有

## 5.43　块茎类型

根据山药地下根茎膨大形成的形状（图5），将块茎类型分为：

1　根状茎

2　块状茎

## 5.44　每丛块茎数

收获期，每一株丛形成地下块茎的数量。单位为块。

## 5.45　块茎紧密度

收获期，形成地下块茎的紧密度。

1. 根状茎                    2. 块状茎

图5  块茎类型

1    疏散独立
2    紧密独立
3    不独立

## 5.46  块茎形状

收获期，地下块茎的形状（图6）。

1    近圆
2    卵形
3    长卵
4    圆柱
5    扁平
6    脚状
7    不规则

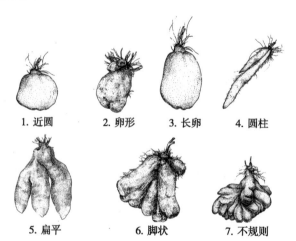

1. 近圆    2. 卵形    3. 长卵    4. 圆柱

5. 扁平        6. 脚状        7. 不规则

图6  块茎形状

**5.47　块茎分枝**

收获期，地下块茎是否分枝及分枝多少（图7）。

    0　无分枝
    1　二分枝
    2　多分枝

0. 无分枝　　　　1. 二分枝　　　　2. 多分枝

图7　块茎分枝

**5.48　块茎根毛密度**

收获期，地下块茎上形成根毛的多少。

    1　少
    2　多

**5.49　块茎根毛分布**

收获期，根毛在地下块茎上分布的部分。

    1　底部
    2　中部
    3　上部
    4　全部

**5.50　块茎表皮褶皱**

收获期，地下块茎表皮褶皱有无及多少。

    0　光滑
    1　少皱
    2　多皱

**5.51　块茎表皮色**

收获期，地下块茎表皮的颜色。

    1　浅褐色
    2　褐色
    3　灰色

### 5.52 块茎长

收获期，地下块茎的最大长度（图8）。单位为 cm。

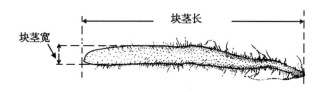

图 8 块茎长、块茎宽

### 5.53 块茎宽

收获期，地下块茎的最大宽度或最大直径（图8）。单位为 cm。

### 5.54 块茎硬度

收获期，根据地下块茎切开的难易程度，将块茎硬度分为：

    1    硬

    2    软

### 5.55 块茎肉色

收获期，地下块茎横切面的肉质颜色。

    1    乳白色

    2    黄白色

    3    浅紫色

    4    紫色

    5    紫白色

    6    外缘紫色

### 5.56 块茎肉质

收获期，根据地下块茎横切面的肉质的粗糙程度分为：

    1    光滑

    2    粒状

### 5.57 肉质褐化

收获期，根据地下块茎横切后，肉质褐化的时间长短。

    1    $<1\,\text{min}$

    2    $1\sim2\,\text{min}$

    3    $>2\,\text{min}$

### 5.58 肉质胶质

收获期，根据地下块茎横切后，胶质溢出的多少。

　　1　　少
　　2　　中
　　3　　多

## 5.59　肉质胶质刺激性

收获期，地下块茎胶质对人皮肤的刺激程度。

　　1　　弱
　　2　　中
　　3　　强

## 5.60　球茎有无

收获期，地下块茎上是否形成小块茎（图9）。

　　0　　无
　　1　　有

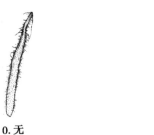

0.无　　　　　　1.有

图9　球茎有无

## 5.61　球茎与块茎分离

收获期，球茎与块茎分离的难易程度。

　　1　　易
　　2　　难

## 5.62　球茎类型

收获期，球茎的形状。

　　1　　规则
　　2　　横向拉长
　　3　　分枝

## 5.63　开花习性

山药资源在整个生育周期内，是否开花及开花的频率。

　　0　　不开花
　　1　　有时开花
　　2　　每年开花

### 5.64 花序类型

开花山药资源形成的花序类型（图10）。

1　穗状花序
2　总状花序
3　圆锥花序

1. 穗状花序　　　　2. 总状花序　　　　3. 圆锥花序

图10　花序类型

### 5.65 性型

根据山药群体内雌株和雄株的比率，将性型分为4种。

1　雌株
2　雄株
3　雌株＜雄株
4　雄株＜雌株

### 5.66 花序着生状态

开花山药资源花序的着生姿态。

1　向上
2　向下

### 5.67 每节花序数

开花山药资源每节形成的花序数量。单位为序。

### 5.68 每序花数

开花山药资源每序花序形成的花数。单位为朵。

### 5.69 花序长

开花山药资源花序的长度。单位为 cm。

### 5.70 花色

开花山药资源花朵的颜色。

1　白色
2　黄色
3　紫色

### 5.71 果实有无

山药资源是否能开花并结果实的特性。

0　无

1　有

## 5.72　果实着生状态

结实山药资源果实着生的姿态。

1　向上

2　向下

## 5.73　种子有无

山药种质资源开花结实并形成种子的特性。

0　无

1　有

## 5.74　种子千粒重

含水量在 8% 左右的 1000 粒成熟种子的质量。单位为 g。

## 5.75　单产

收获期，单位面积收获的块茎的重量，单位为 $kg/hm^2$。

## 5.76　形态一致性

种质群体内，单株间的形态一致性。

1　一致

2　连续变异

3　不连续变异

## 5.77　播种期

进行山药种质资源形态特征和生物学特性鉴定时的播种日期，以"年月日"表示，格式"YYYYMMDD"。

## 5.78　出苗期

进行山药种质资源形态特征和生物学特性鉴定时的出苗日期，以"年月日"表示，格式"YYYYMMDD"。

## 5.79　收获期

收获山药地下块茎的日期，以"年月日"表示，格式"YYYYMMDD"。

# 6　品质特性

## 6.1　肉质

发育正常的山药块茎的质地。

1　致密

2　松软

## 6.2 块茎黏性

发育正常的山药块茎黏性的强弱。

3 强

5 中

7 弱

## 6.3 品质

主要从山药块茎的外观（块茎形状和大小、颜色深浅、整齐度等）、风味、营养性状等综合评价山药块茎的品质。

3 上

5 中

7 下

## 6.4 水分含量

100g 新鲜、成熟块茎的水分含量。以%表示。

## 6.5 维生素 C 含量

100g 新鲜、成熟块茎所含维生素 C 的毫克数。单位为 $10^{-2}$ mg/g。

## 6.6 粗蛋白含量

100g 新鲜、成熟块茎所含粗蛋白的克数。以%表示。

## 6.7 可溶性糖含量

100g 新鲜、成熟块茎所含可溶性糖的克数。以%表示。

## 6.8 淀粉含量

100g 新鲜、成熟块茎所含淀粉的克数。以%表示。

## 6.9 耐贮藏性

## 7 抗病虫性

白涩病抗性。

山药植株对白涩病（*Cylindrosporium discoreae* Miyabe ets. Ito）的抗性强弱。

0 免疫（I）

1 高抗（HR）

3 抗病（R）

5 中抗（MR）

7 感病（S）

9 高感（HS）

## 8 其他特征特性

### 8.1 食用器官
山药供食器官及其适宜采收的阶段。
  1 块茎
  2 零余子

### 8.2 用途
山药食用器官适宜食用的途径。
  1 生食
  2 熟食
  3 加工

### 8.3 核型
表示染色体的数目、大小、形态和结构特征的公式。

### 8.4 分子标记
山药种质指纹图谱和重要性状的分子标记类型及其特征参数。

### 8.5 备注
山药种质特殊描述符或特殊代码的具体说明。

# 四 山药种质资源数据标准

| 序号 | 代号 | 描述符 | 字段名 | 字段英文名 | 字段类型 | 字段长度 | 字段小数位 | 单位 | 代码 | 代码英文名 | 例子 |
|---|---|---|---|---|---|---|---|---|---|---|---|
| 1 | 101 | 全国统一编号 | 统一编号 | Accession number | C | 8 | | | | | V10S001 |
| 2 | 102 | 种质圃编号 | 种子圃编号 | Genebank number | C | 8 | | | | | N10S0001 |
| 3 | 103 | 引种号 | 引种号 | Introduction number | C | 8 | | | | | 19940001 |
| 4 | 104 | 采集号 | 采集号 | Collecting number | C | 10 | | | | | 1999083425 |
| 5 | 105 | 种质名称 | 种质名称 | Accession name | C | 30 | | | | | 红山药 |
| 6 | 106 | 种质外文名 | 种质外文名 | Alien name | C | 40 | | | | | Hong Shan Yao |
| 7 | 107 | 科名 | 科名 | Family | C | 30 | | | | | Dioscoreaceae（薯蓣科） |
| 8 | 108 | 属名 | 属名 | Genus | C | 30 | | | | | Dioscorea L.（山药属） |
| 9 | 109 | 学名 | 学名 | Species | C | 50 | | | | | Dioscorea spp.（山药） |

（续表）

| 序号 | 代号 | 描述符 | 字段名 | 字段英文名 | 字段类型 | 字段长度 | 字段小数位 | 单位 | 代码 | 代码英文名 | 例子 |
|---|---|---|---|---|---|---|---|---|---|---|---|
| 10 | 110 | 原产国 | 原产国 | Country of origin | C | 16 | | | | | 中国 |
| 11 | 111 | 原产省 | 原产省 | Province of origin | C | 6 | | | | | 山东省 |
| 12 | 112 | 原产地 | 原产地 | Origin | C | 20 | | | | | 济宁市 |
| 13 | 113 | 海拔 | 海拔 | Altitude | N | 5 | 0 | m | | | 1000 |
| 14 | 114 | 经度 | 经度 | Longitude | N | 6 | 0 | | | | 12136 |
| 15 | 115 | 纬度 | 纬度 | Latitude | N | 5 | 0 | | | | 3608 |
| 16 | 116 | 来源地 | 来源地 | Sample source | C | 24 | | | | | 山东省嘉祥市 |
| 17 | 117 | 保存单位 | 保存单位 | Donor institute | C | 40 | | | | | 中国农业科学院蔬菜花卉研究所 |
| 18 | 118 | 保存单位编号 | 保存单位编号 | Donor accession number | C | 10 | | | | | N10S0001 |
| 19 | 119 | 系谱 | 系谱 | Pedigree | C | 70 | | | | | 自交系 |
| 20 | 120 | 选育单位 | 选育单位 | Breeding institute | C | 40 | | | | | 山东省农业科学院蔬菜研究所 |

（续表）

| 序号 | 代号 | 描述符 | 字段名 | 字段英文名 | 字段类型 | 字段长度 | 字段小数位 | 单位 | 代码 | 代码英文名 | 例子 |
|---|---|---|---|---|---|---|---|---|---|---|---|
| 21 | 121 | 育成年份 | 育成年份 | Releasing year | N | 4 | 0 | | | | 1978 |
| 22 | 122 | 选育方法 | 选育方法 | Breeding methods | C | 20 | | | | | 系选 |
| 23 | 123 | 种质类型 | 种质类型 | Biological status of accession | C | 12 | | | 1：野生资源<br>2：地方品种<br>3：选育品种<br>4：品系<br>5：遗传材料<br>6：其他 | 1：Wild<br>2：Traditional cultivar/ Landrace<br>3：Advanced/ Improved cultivar<br>4：Breeding line<br>5：Genetic stocks<br>6：Other | 地方品种 |
| 24 | 124 | 图像 | 图像 | Image file name | C | 30 | | | | | V10S0001.jpg |
| 25 | 125 | 观测地点 | 观测地点 | Observation location | C | 16 | | | | | 北京市昌平区 |
| 26 | 201 | 株型 | 株型 | Plant type | C | 6 | | | 1：矮生型<br>2：灌木型<br>3：匍匐型 | 1：Dwarf<br>2：Shrub-like<br>3：Climbing | 匍匐型 |
| 27 | 202 | 蔓盘绕习性 | 蔓盘绕习性 | Anticlockwise | C | | | | 0：无<br>1：顺时<br>2：逆时 | 0：No<br>1：Clockwise（Climbing to the left）<br>2：Anticlockwise（Climbing to the right） | 无 |

（续表）

| 序号 | 代号 | 描述符 | 字段名 | 字段英文名 | 字段类型 | 字段长度 | 字段小数位 | 单位 | 代码 | 代码英文名 | 例子 |
|---|---|---|---|---|---|---|---|---|---|---|---|
| 28 | 203 | 嫩茎长 | 嫩茎长 | Young Stem length | N | 4 | 1 | cm | | | 36.7 |
| 29 | 204 | 蔓数 | 蔓数 | Number of stems per plant | N | 2 | | 条 | | | 1 |
| 30 | 205 | 蔓长 | 蔓长 | Stem length | C | 6 | | cm | 1：<2m 2：2～10m 3：>10m | | 2～10m |
| 31 | 206 | 节间长 | 节间长 | Internode length | N | 4 | 1 | cm | | | 6.5 |
| 32 | 207 | 茎粗 | 茎粗 | Stem diameter | N | 4 | 1 | mm | | | 12.5 |
| 33 | 208 | 茎色 | 茎色 | Stem color | N | 4 | | cm | 1：绿色 2：紫绿色 3：褐绿色 4：黑绿色 5：紫色 | 1：Green 2：Purplish green 3：Brownish green 4：Dark brown 5：Purple | 褐绿色 |
| 34 | 209 | 分枝数 | 分枝数 | Branching number | N | 3 | | 枝 | | | 56 |
| 35 | 210 | 裂纹有无 | 裂纹有无 | Wrinkled surface | C | 6 | | | 0：无 1：有 | 0：Absent 1：Present | 无 |
| 36 | 211 | 蜡质有无 | 蜡质有无 | Waxiness | C | 6 | | | 0：无 1：有 | 0：Absent 1：Present | 有 |
| 37 | 212 | 单株叶数 | 单株叶数 | Number of leaves Per plant | N | 3 | | 片 | | | 102 |

（续表）

| 序号 | 代号 | 描述符 | 字段名 | 字段英文名 | 字段类型 | 字段长度 | 字段小数位 | 单位 | 代码 | 代码英文名 | 例子 |
|---|---|---|---|---|---|---|---|---|---|---|---|
| 38 | 213 | 叶密度 | 叶密度 | Leaf density | C | 2 | | | 1：低<br>2：中<br>3：高 | 1：Low<br>2：Intermediate<br>3：High | 中 |
| 39 | 214 | 叶型 | 叶型 | Leaf type | C | 2 | | | 1：单叶<br>2：复叶 | 1：Simple<br>2：Compound | 单叶 |
| 40 | 215 | 叶形 | 叶形 | Leaf shape | C | 4 | | | 1：卵形<br>2：心形<br>3：剑形<br>4：戟形 | 1：Ovate<br>2：Cordate<br>3：Sagittate<br>4：Hastate | 卵形 |
| 41 | 216 | 叶尖 | 叶尖 | Leaf apex Shape | C | 4 | | | 1：钝尖<br>2：锐尖<br>4：回陷 | 1：Obtuse<br>2：Acute<br>3：Emarginate | 钝尖 |
| 42 | 217 | 叶耳间距 | 叶耳间距 | Distance between lobes | C | 2 | | | 0：无<br>1：小<br>2：大 | 0：No measurable distance<br>1：Intermediate<br>2：Very distant | 小 |
| 43 | 218 | 叶缘 | 叶缘 | Leaf margin | C | 2 | | | 1：全缘<br>2：锯齿状 | 1：Entire<br>2：Serrate | 全缘 |
| 44 | 219 | 叶缘色 | 叶缘色 | Leaf margin color | C | 2 | | | 1：绿色<br>2：紫色 | 1：Green<br>2：Purple | 绿色 |
| 45 | 220 | 叶裂刻 | 叶裂刻 | Leaf location | C | 2 | | | 0：无<br>1：浅<br>2：深 | 1：None<br>2：Shallow<br>3：Deep | 浅 |

（续表）

| 序号 | 代号 | 描述符 | 字段名 | 字段英文名 | 字段类型 | 字段长度 | 字段小数位 | 单位 | 代码 | 代码英文名 | 例子 |
|---|---|---|---|---|---|---|---|---|---|---|---|
| 46 | 221 | 叶面蜡质分布 | 叶面蜡质分布 | Leaf waxiness | C | 2 | | | 0：无<br>1：叶正面<br>2：叶背面<br>3：双面 | 0：None<br>1：Waxy upper surface<br>2：Waxy lower surface<br>3：Both | 叶正面 |
| 47 | 222 | 叶色 | 叶色 | Leaf color | C | 4 | | | 1：黄绿色<br>2：灰绿色<br>3：深绿色<br>4：紫绿色<br>5：紫色 | 1：Yellowish green<br>2：Pale green<br>3：Dark green<br>4：Purplish green<br>5：Purple | 深绿色 |
| 48 | 223 | 叶长 | 叶长 | Leaf length | N | 4 | 1 | cm | | | 35.2 |
| 49 | 224 | 叶宽 | 叶宽 | Leaf width | N | 4 | 1 | cm | | | 15.2 |
| 50 | 225 | 叶厚 | 叶厚 | Leaf thickness | C | 2 | | | 1：薄<br>2：中<br>3：厚 | 1：Thin<br>2：Middle<br>3：Thick | 薄 |
| 51 | 226 | 叶柄色 | 叶柄色 | Petiole color | C | 4 | | | 1：绿色基部紫色<br>2：浅绿色<br>3：绿色<br>4：紫红色 | 1：All green with purple base<br>2：Light green<br>3：Green<br>4：Purple red | 绿色 |
| 52 | 227 | 叶柄茸毛 | 叶柄茸毛 | Hairiness of petiole | C | 4 | | | 1：稀<br>2：密 | 1：Sparse<br>2：Dense | 密 |

（续表）

| 序号 | 代号 | 描述符 | 字段名 | 字段英文名 | 字段类型 | 字段长度 | 字段小数位 | 单位 | 代码 | 代码英文名 | 例子 |
|---|---|---|---|---|---|---|---|---|---|---|---|
| 53 | 228 | 叶柄长 | 叶柄长 | Petiole length | N | 4 | 1 | cm | | | 11.0 |
| 54 | 229 | 叶脉色 | 叶脉色 | Leaf vein color | C | 4 | | | 1：黄绿色<br>2：绿色<br>3：灰紫色<br>4：紫色 | 1：Yellowish green<br>2：Green<br>3：Pale purple<br>4：Purple | 绿色 |
| 55 | 230 | 卷须有无 | 卷须有无 | Tendril | C | 4 | | | 0：无<br>1：有 | 0：Absent<br>1：Present | 无 |
| 56 | 231 | 卷须形状 | 卷须形状 | Tendril shape | C | 8 | | | 1：较直<br>2：轻度卷曲<br>3：重度卷曲 | 1：Straight<br>2：Slightly curving<br>3：Highly curving | 较直 |
| 57 | 232 | 叶翻卷 | 叶翻卷 | Folding of leaf | C | 2 | | | 0：无<br>1：弱<br>2：强 | 0：Absent<br>1：Weak<br>2：Strong | 强 |
| 58 | 233 | 托叶有无 | 托叶有无 | Stipules | C | 2 | | | 0：无<br>1：有 | 0：Absent<br>1：Present | 有 |
| 59 | 234 | 零余子有无 | 零余子有无 | Aerial tubers | C | 2 | | | 0：无<br>1：有 | 0：Absent<br>1：Present | 有 |
| 60 | 235 | 零余子形状 | 零余子形状 | Aerial tuber shape | C | 6 | | | 1：圆<br>2：椭圆<br>3：长棒<br>4：不规则 | 1：Round<br>2：Oval<br>3：Elongate<br>4：Irregular（not uniform） | 椭圆 |

（续表）

| 序号 | 代号 | 描述符 | 字段名 | 字段英文名 | 字段类型 | 字段长度 | 字段小数位 | 单位 | 代码 | 代码英文名 | 例子 |
|---|---|---|---|---|---|---|---|---|---|---|---|
| 61 | 236 | 零余子表皮色 | 零余子表皮色 | Aerial tuber skin color | C | 6 | | | 1：灰色<br>2：浅褐色<br>3：深褐色 | 1：Greyish<br>2：Light brown<br>3：Dark brown | 灰色 |
| 62 | 237 | 零余子表皮 | 零余子表皮 | Aerial tuber surface texture | C | 4 | | | 1：光滑<br>2：粗糙<br>3：皱褶 | 1：Smooth<br>2：Wrinkled<br>3：Rough | 粗糙 |
| 63 | 238 | 零余子表皮厚 | 零余子表皮厚 | Aerial tuber skin thickness | C | 2 | | | 1：薄<br>2：厚 | 1：Thin<br>2：Thick | 厚 |
| 64 | 239 | 零余子肉色 | 零余子肉色 | Aerial tuber flesh color | C | 4 | | | 1：白色<br>2：黄白色<br>3：橙黄色<br>4：紫色<br>5：白紫色<br>6：茶色 | 1：White<br>2：Yellowish white<br>3：Orange<br>4：Purple<br>5：Purple with white<br>6：Outer purple/inner yellowish | 黄白色 |
| 65 | 240 | 零余子直径 | 零余子直径 | Aerial tuber diameter | C | 6 | | | 1：≤1cm<br>2：2~5cm<br>3：6~10cm<br>4：>10cm | 1：≤1cm<br>2：2~5cm<br>3：6~10cm<br>4：>10cm | 2~5cm |
| 66 | 241 | 零余子重 | 零余子重 | Aerial tuber weight | N | 3 | 1 | g | | | 5.3 |
| 67 | 242 | 块茎有无 | 块茎有无 | Absence/presence of underground tubers | C | 2 | | | 0：无<br>1：有 | 0：Absent<br>1：Present | 有 |

（续表）

| 序号 | 代号 | 描述符 | 字段名 | 字段英文名 | 字段类型 | 字段长度 | 字段小数位 | 单位 | 代码 | 代码英文名 | 例子 |
|---|---|---|---|---|---|---|---|---|---|---|---|
| 68 | 243 | 块茎类型 | 块茎类型 | Tubers type | C | 6 | | | 1：根状茎 2：块状茎 | 1: Rhizome 2: Tuber | 块茎 |
| 69 | 244 | 每丛块茎数 | 每丛块茎数 | Number of tubers per hill | N | 3 | | 块 | | | 块 |
| 70 | 245 | 块茎紧密度 | 块茎紧密度 | Relationship of tubers | C | 8 | | | 1：疏散独立 2：紧密独立 3：不独立 | 1: Completely separate and distant 2: Completely separate but close together 3: Fused at neck | 不独立 |
| 71 | 246 | 块茎形状 | 块茎形状 | Tuber shape | C | 8 | | | 1：近圆 2：卵形 3：长卵 4：圆柱 5：扁平 6：脚状 7：不规则 | 1: Round 2: Oval 3: Oval-oblong 4: Cylindrical 5: Flattened 6: Palmated 7: Irregular | 圆柱 |
| 72 | 247 | 块茎分枝 | 块茎分枝 | Tendency of tuber to branch | C | 6 | | | 0：无分枝 1：二分枝 2：多分枝 | 0: None 1: Dimidiate 2: Multi-branched | 无分枝 |
| 73 | 248 | 块茎根毛密度 | 块茎根毛密度 | Roots on the tuber surface | C | 2 | | | 1：少 2：多 | 1: Few 2: Many | 少 |

（续表）

| 序号 | 代号 | 描述符 | 字段名 | 字段英文名 | 字段类型 | 字段长度 | 字段小数位 | 单位 | 代码 | 代码英文名 | 例子 |
|---|---|---|---|---|---|---|---|---|---|---|---|
| 74 | 249 | 块茎根毛分布 | 块茎根毛分布 | Place of roots on the tuber | C | 2 | | | 1：底部<br>2：中部<br>3：上部<br>4：全部 | 1：Lower<br>2：Middle<br>3：Upper<br>4：Entire tuber | 中部 |
| 75 | 250 | 块茎表皮褶皱 | 块茎表皮褶皱 | Wrinkles on tuber surface | C | 2 | | | 0：光滑<br>1：少皱<br>2：多皱 | 0：Smooth<br>1：Few<br>2：Many | 少皱 |
| 76 | 251 | 块茎表皮色 | 块茎表皮色 | Tuber skin color | C | 6 | | | 1：浅褐色<br>2：褐色<br>3：灰色 | 1：Light maroon<br>2：Dark maroon<br>3：Greyish | 褐色 |
| 77 | 252 | 块茎硬度 | 块茎硬度 | Hardness of tuber | C | 6 | | | 1：硬<br>2：软 | 1：Hard<br>2：Easy | 硬 |
| 78 | 253 | 块茎肉色 | 块茎肉色 | Tuber flesh color | C | 6 | | | 1：乳白色<br>2：黄白色<br>3：浅紫色<br>4：紫色<br>5：紫白色<br>6：外缘紫色 | 1：Milky<br>2：Yellowish white<br>3：Light purple<br>4：Purple<br>5：Purple with white<br>6：Outer purple | 乳白色 |
| 79 | 254 | 块茎肉质 | 块茎肉质 | Tuber flesh texture | C | 6 | | | 1：光滑<br>2：粒状 | 1：Smooth<br>2：Grainy | 光滑 |
| 80 | 255 | 肉质褐化 | 肉质褐化 | Time for flesh oxidation | C | 6 | | | 1：<1min<br>2：1~2min<br>3：>2min | 1：<1min<br>2：1~2min<br>3：>2min | 1~2分 |

（续表）

| 序号 | 代号 | 描述符 | 字段名 | 字段英文名 | 字段类型 | 字段长度 | 字段小数位 | 单位 | 代码 | 代码英文名 | 例子 |
|---|---|---|---|---|---|---|---|---|---|---|---|
| 81 | 256 | 肉质胶质 | 肉质胶质 | Amount of gum | C | 2 | | | 1：少<br>2：中<br>3：多 | 1: Low<br>2: Intermediate<br>3: High | 中 |
| 82 | 257 | 肉质胶质刺激性 | 肉质胶质刺激性 | Ability to irritate human skin | C | 2 | | | 1：弱<br>2：中<br>3：强 | 1: Weak<br>2: Intermediate<br>3: Strong | 中 |
| 83 | 258 | 块茎长 | 块茎长 | Tuber length | N | 5 | 1 | cm | | | 35.3 |
| 84 | 259 | 块茎宽 | 块茎宽 | Tuber width | N | 3 | 1 | cm | | | 5.3 |
| 85 | 260 | 球茎有无 | 球茎有无 | Absence/presence of corms | C | 2 | | | 0：无<br>1：有 | 0: Absent<br>1: Present | 有 |
| 86 | 261 | 球茎与块茎分离 | 球茎与块茎分离 | Corm ability to be separated from tuber | C | 2 | | | 1：易<br>2：难 | 1: Easy<br>2: Difficult | 易 |
| 87 | 262 | 球茎类型 | 球茎类型 | Corm type | C | 8 | | | 1：规则<br>2：横向拉长<br>3：分枝 | 1: Regular<br>2: Transversally elongated<br>3: Branched | 规则 |
| 88 | 263 | 开花习性 | 开花习性 | Flowering | C | 8 | | | 0：不开花<br>1：有时开花<br>2：每年开花 | 0: No flowering<br>1: Flowering in some years<br>2: Every year | 有时开花 |
| 89 | 264 | 花序类型 | 花序类型 | Inflorescence type | C | 8 | | | 1：穗状花序<br>2：总状花序<br>3：圆锥花序 | 1: Spike<br>2: Raceme<br>3: Panicle | 总状花序 |

（续表）

| 序号 | 代号 | 描述符 | 字段名 | 字段英文名 | 字段类型 | 字段长度 | 字段小数位 | 单位 | 代码 | 代码英文名 | 例子 |
|---|---|---|---|---|---|---|---|---|---|---|---|
| 90 | 265 | 性型 | 性型 | Sex | C | 8 | | | 1：雌株<br>2：雄株<br>3：雌株<雄株<br>4：雄株<雌株 | 1: Female<br>2: Male<br>3: Predominantly male<br>4: Predominantly female | 雄株 |
| 91 | 266 | 花序着生状态 | 花序着生状态 | Inflorescence position | C | 4 | | | 1：向上<br>2：向下 | 1: Pointing upwards<br>2: Pointing downwards | 向上 |
| 92 | 267 | 每节花序数 | 每节花序数 | Number of inflorescences per plant | N | 4 | 0 | 序 | | | 26 |
| 93 | 268 | 每序花数 | 每序花数 | Flowers per inflorescence | N | 4 | 0 | 朵 | | | 18 |
| 94 | 269 | 花序长 | 花序长 | Length of inflorescence | N | 4 | 1 | cm | | | 35.2 |
| 95 | 270 | 花色 | 花色 | Flower color | C | 2 | | | 1：白色<br>2：黄色<br>3：紫色 | 1: White<br>2: Yellowish<br>3: Purplish | 白色 |
| 96 | 271 | 果实有无 | 果实有无 | Fruit formation | C | 2 | | | 0：无<br>1：有 | 0: Absent<br>1: Present | 有 |
| 97 | 272 | 果实着生状态 | 果实着生状态 | Fruit position | C | 4 | | | 1：向上<br>2：向下 | 1: Pointing upward<br>2: Pointing downward | 向上 |
| 98 | 273 | 种子有无 | 种子有无 | Absence/presence of seeds | C | 2 | | | 0：无<br>1：有 | 0: Absent<br>1: Present | 有 |

（续表）

| 序号 | 代号 | 描述符 | 字段名 | 字段英文名 | 字段类型 | 字段长度 | 字段小数位 | 单位 | 代码 | 代码英文名 | 例子 |
|---|---|---|---|---|---|---|---|---|---|---|---|
| 99 | 274 | 种子干粒重 | 种子干粒重 | 1000-seed weight | N | 5 | 2 | g | | | 12.02 |
| 100 | 275 | 单产 | 单产 | Yield | N | 6 | 0 | kg/hm² | | | 72900 |
| 101 | 276 | 形态一致性 | 形态一致性 | Uniformity of morphology | C | 8 | | | 1：一致 2：连续变异 3：不连续变异 | 1: Uniform 2: Continuous variant 3: Discontinuous variant | 一致 |
| 102 | 277 | 播种期 | 播种期 | Sowing date | D | 8 | | | | | 19900826 |
| 103 | 278 | 出苗期 | 出苗期 | Seedling date | D | 8 | | | | | 19901016 |
| 104 | 279 | 收获期 | 收获期 | Harvest date | D | 8 | | | | | 19901026 |
| 105 | 301 | 肉质 | 肉质 | Flesh texture | C | 4 | | | 1：致密 2：松软 | 1: Firm 2: Soft | 致密 |
| 106 | 302 | 块茎黏性 | 块茎黏性 | Viscosity | C | 4 | | | 3：强 5：中 7：弱 | 3: Strong 5: Intermediate 7: Weak | 中 |
| 107 | 303 | 水分含量 | 水分含量 | Water content | N | 4 | 1 | % | | | 89.1 |
| 108 | 304 | 维生素C含量 | 维生素C含量 | VitaminC content | N | 5 | 2 | $10^{-2}$ mg/g | | | 3.10 |
| 109 | 305 | 粗蛋白含量 | 粗蛋白含量 | Crude protein content | N | 5 | 2 | % | | | 1.78 |
| 110 | 306 | 可溶性糖含量 | 可溶性糖含量 | Soluble sugar content | N | 5 | 2 | % | | | 1.78 |
| 111 | 307 | 淀粉含量 | 淀粉含量 | Starch content | N | 5 | 2 | 10% | | | 82.4 |

（续表）

| 序号 | 代号 | 描述符 | 字段名 | 字段英文名 | 字段类型 | 字段长度 | 字段小数位 | 单位 | 代码 | 代码英文名 | 例子 |
|------|------|--------|--------|-----------|----------|----------|-----------|------|------|-----------|------|
| 112 | 401 | 白涩病抗性 | 白涩病抗性 | Resistance to Cylindrosporium discoreae | C | 4 | | | 0：免疫<br>1：高抗<br>2：抗病<br>3：中抗<br>4：感病<br>5：高感 | 0：Immunity<br>1：Highly resistant<br>2：Resistant<br>3：Medium resistant<br>4：Sensitive<br>5：Highly sensitive | 高抗 |
| 113 | 501 | 食用器官 | 食用器官 | Edible organ type | C | 6 | | | 1：块茎<br>2：零余子 | 1：块茎<br>2：零余子 | 块茎 |
| 114 | 502 | 用途 | 用途 | Useness | C | 4 | | | 1：生食<br>2：熟食<br>3：加工 | 1：Raw<br>2：Cooked<br>3：Process | 熟食 |
| 115 | 503 | 核型 | 核型 | Karotype | C | 20 | | | | | $2n = 2x = 30$ |
| 116 | 504 | 分子标记 | 分子标记 | Fingerprinting and molecular marker | C | 40 | | | 1：随机扩增多态性<br>2：限制片长多态性<br>3：扩增基因多态性<br>4：不同种多态性<br>5：分子标记多态性<br>6：单核苷酸多态性 | 1：RAPP<br>2：RFLP<br>3：AFLP<br>4：SSR<br>5：CAPS<br>6：SNP | SSR |
| 117 | 505 | 备注 | 备注 | Remarks | C | 30 | | | | | |

# 五　山药种质资源数据质量控制规范

## 1　范围

本规范规定了山药种质资源数据采集过程中的质量控制内容和方法。

本规范适用于山药种质资源的整理、整合和共享。

## 2　规范性引用文件

下列文件中的条款通过本规范的引用而成为本规范的条款。凡是注日期的引用文件，其随后所有的修改单（不包括勘误的内容）或修订版均不适用于本规范，然而，鼓励根据本规范达成协议的各方研究是否可使用这些文件的最新版本。凡是不注日期的引用文件，其最新版本适用于本规范。

ISO 3166 Codes for the Representation of Names of Countries

GB/T 2659 世界各国和地区名称代码

GB/T 2260 中华人民共和国行政区划代码

GB/T 12404 单位隶属关系代码

GB/T 10466—1989 蔬菜、水果形态学和结构学术语（一）

GB/T 3543—1995 农作物种子检验规程

GB/T 10220—1988 感官分析方法总论

GB/T 12316—1990 感官分析方法"A"－非"A"检验

GB/T 12295—1990 水果、蔬菜制品可溶性固形物含量的测定－折射仪法

GB/T 8855—1988 新鲜水果和蔬菜的取样方法

GB/T 8858—1988 水果、蔬菜产品中干物质和水分含量的测定方法

GB/T 6195—1986 水果、蔬菜维生素 C 含量测定方法（2，6－二氯靛酚滴定法）

NY589—2002　无公害食品-山药

## 3 数据质量控制的基本方法

### 3.1 形态特征和生物学特性观测试验设计

3.1.1 试验地点。试验地点的气候和生态条件应能够满足山药植株的正常生长发育及其性状的正常表达。

3.1.2 田间设计。山药播种期分为秋播和春播。华北地区，一般山药多在 4~5 月播种，其他地区，按当地生产习惯适时播种，以保证山药植株充分的营养生长，满足山药营养生长期性状的观测和数据的采集。

使小区内植株密度为行距 20~25cm、株距 15~20cm，每份种质重复 2~3 次，田间随机排列，每小区最少 60 株，并设对照品种和保护行。

3.1.3 栽培环境条件控制。山药对土壤要求不严，但以富含腐殖质、肥沃、pH 值为 5.5~6.0 的壤土种植为好。冬季月平均温度在 -5℃ 以下的地区越冬时需采取必要的保护措施，以保证安全过冬。

试验地土质应具有当地代表性，前茬一致，肥力中等均匀。试验地要远离污染，无人畜侵扰，附近无高大建筑物。试验地的栽培管理与一般大田生产基本相同，应及时进行水肥管理，注意防治病虫害，保证幼苗和植株的正常生长。

### 3.2 数据采集

形态特征和生物学特性观测试验原始数据的采集应在种质正常生长情况下获得。因山药可根据市场需要随时进行商品器官的采集，为使种质之间的数据可比性，在商品器官达到营养生长达到最大，而又不影响商品品质时进行商品器官各相关性状数据的采集。如遇自然灾害等因素严重影响植株正常生长，应重新进行观测试验和数据采集。

### 3.3 试验数据统计分析和校验

每份种质的形态特征和生物学特性观测数据依据对照品种进行校验。根据每年 2~3 次重复，并综合 2 年度的观测校验值，计算每份种质性状的平均值、变异系数和标准差，进行方差分析，判断试验结果的稳定性和可靠性。取校验值的平均值作为该种质的性状值。

### 3.4 其他控制说明

所有用来采集数据的工具，都必须由正规厂家按相关标准生产，并达到相应的精度要求。

## 4 基本情况数据

### 4.1 全国统一编号

全国统一编号是由 "V10S" 加 4 位顺序号组成的 8 位字符串，如 "V10S0001"，其中，"V" 代表蔬菜，"10" 代表薯芋类 "，"S" 代表山药，后 4 位顺序号从 "0001" 到 "9999"，代表具体山药种质的编号。全国统一编号具有唯一性。

### 4.2 种质圃编号

库编号由 "N10S" 加 4 位顺序号组成的 8 位字符串，如 "N10S0001"，其中，"N" 为 "Nursery" 的首字母，表示圃的意思。"10" 代表薯芋类，"S" 代表山药，后 4 位顺序号，从 "0001" 到 "9999" 代表具体山药种质的编号。每份种质具有唯一的种质圃编号。

### 4.3 引种号

引种号是由年份加 4 位顺序号组成的 8 位字符串，如 "19950021"，前四位表示种质从境外引进年份，后 4 位为顺序号，从 "0001" 到 "9999"。每份引进种质具有唯一的引种号。

### 4.4 采集号

山药种质在野外采集时赋予的编号，一般由年份加 2 位省份代码加 4 位顺序号组成。

### 4.5 种质名称

国内种质的原始名称和国外引进种质的中文译名，如果有多个名称，可以放在英文括号内，用英文逗号分隔，如 "种质名称 1（种质名称 2，种质名称 3）"；国外引进种质如果没有中文译名，可以直接填写种质的外文名。

### 4.6 种质外文名

国外引进种质的外文名和国内种质的汉语拼音名。每个汉字的汉语拼音之间空一格，每个汉字汉语拼音的首字母大写，如 "Hong Shan Yao"。国外引进种质的外文名应注意大小写和空格。

### 4.7 科名

科名由拉丁名加英文括号内的中文名组成，如 "Dioscoreaceae（薯蓣科）"。如没有中文名，直接填写拉丁名。

### 4.8 属名

属名由拉丁名加英文括号内的中文名组成，如 "*Dioscorea* L.（山药属）"。如没有中文名，直接填写拉丁名。

## 4.9 学名

学名由拉丁名加英文括号内的中文名组成，如"*Dioscorea* spp.（山药）"。如没有中文名，直接填写拉丁名。如"*Dioscorea* spp."。

## 4.10 原产国

山药种质原产国家名称、地区名称或国际组织名称。国家和地区名称参照 ISO 3166 和 GB/T 2659，如该国家已不存在，应在原国家名称前加"原"，如"原苏联"。国际组织名称用该组织的外文名缩写，如"IPGRI"。

## 4.11 原产省

国内山药种质原产省份名称，省份名称参照 GB/T 2260；国外引进种质原产省用原产国家一级行政区的名称。

## 4.12 原产地

国内山药种质的原产县、乡、村名称。县名参照 GB/T 2260。

## 4.13 海拔

山药种质原产地的海拔高度，单位为 m。

## 4.14 经度

山药原产地的经度，单位为度和分。格式为 DDDFF，其中，DDD 为度，FF 为分。东经为正值，西经为负值，例如，"12125"代表东经 121°25′，"−10209"代表西经 102°9′。

## 4.15 纬度

山药种质原产地的纬度，单位为度和分。格式为 DDFF，其中，DD 为度，FF 为分。北纬为正值，南纬为负值，例如，"3208"代表北纬 32°8′，"−2542"代表南纬 25°42′。

## 4.16 来源地

国内山药种质的来源省、县名称，国外引进种质的来源国家、地区名称或国际组织名称。国家、地区和国际组织名称同 4.10，省和县名称参照 GB/T 2260。

## 4.17 保存单位

山药种质提交农作物种质资源长期库前的原保存单位名称。单位名称应写全称，例如"中国农业科学院蔬菜花卉研究所"。

## 4.18 保存单位编号

山药种质原保存单位赋予的种质编号。保存单位编号在同一保存单位应具有唯一性。

## 4.19 系谱

山药选育品种（系）的亲缘关系。

## 4.20 选育单位

选育山药品种（系）的单位名称或个人。单位名称应写全称，例如，"中国农业科学院蔬菜花卉研究所"。

### 4.21 育成年份

山药品种（系）培育成功的年份。例如"1980"、"2002"等。

### 4.22 选育方法

山药品种（系）的育种方法。例如"系选"、"杂交"、"辐射"等。

### 4.23 种质类型

保存的山药种质的类型，分为：

    1    野生资源
    2    地方品种
    3    选育品种
    4    品系
    5    遗传材料
    6    其他

### 4.24 图像

山药种质的图像文件名，图像格式为.jpg。图像文件名由统一编号加半连号"－"加序号加".jpg"组成。如有两个以上图像文件，图像文件名用英文分号分隔，如"V10S0010－1.jpg；V10S0010－2.jpg"。图像对象主要包括植株、叶片、块茎、特异性状等。图像要清晰，对象要突出。

### 4.25 观测地点

山药种质形态特征和生物学特性观测地点的名称，记录到省份和区县名，如"北京市昌平区"。


## 5  形态特征和生物学特性


### 5.1 株型

在植株生长中后期，以整个试验小区植株为观察对象，根据植株长相及茎蔓生长情况，采用目测法结合以下说明确定种质的株型。

    1    矮生（植株有限生长，蔓长小于2m）
    2    灌木型（植株直立生长，似灌木，主茎小于2m）
    3    匍匐型（植株生长中后期，需要搭架使蔓缠绕架上，蔓长大于2m）

### 5.2 蔓盘绕习性

出苗20天后，以整个试验小区的植株为观察对象，根据植株嫩蔓是否盘绕及盘绕方向，采用目测法并结合下列说明将蔓盘绕习性分为3种类型。

    0    无（矮生或灌木型）

1    顺时（茎蔓按顺时针向上盘绕）

2    逆时（茎蔓按逆时针向上盘绕）

### 5.3  嫩茎长

出苗 20 天后，从每一个试验小区随机抽样 10 株，用卷尺测量每株主蔓自土壤表面至蔓顶部的高度。单位为 cm，精确到 0.1cm。

### 5.4  蔓数

在收获期，从每一个试验小区随机抽样 10 株丛，调查每株丛中共生长出蔓的数量。单位为条。

### 5.5  蔓长

在收获期，从每一个试验小区随机抽样 10 株，用卷尺测量最长蔓的长度。根据测量结果计算平均值，根据下列描述对蔓长进行分级。

1    < 2m

2    2 ~ 10m

3    > 10m

### 5.6  节间长

在收获期，从每一个试验小区随机抽样 10 株，用直尺测量每个茎蔓中部最长节间的长度。单位为 cm，精确到 0.1cm。

### 5.7  茎粗

在收获期，从每一个试验小区随机抽样 10 株，用卡尺测量每个茎蔓中部最长节间的最大直径。单位为 cm，精确到 0.1cm。

### 5.8  茎色

在收获期，以整个试验小区植株为观测对象，在正常一致的光照条件下，采用目测法观察植株茎蔓中部节间的颜色。

根据观察结果，与标准色卡上相应代码的颜色进行比对，确定种质的茎色。

1    绿色（FAN3，141B）

2    紫绿色（FAN4，N186B）

3    褐绿色（FAN4，N189B）

4    黑绿色（FAN4，N189A）

5    紫色（FAN2，79B）

### 5.9  分枝数

在收获期，从每一个试验小区随机抽样 10 株，采用目测法调查每株丛抽生是否抽生分枝及抽生的分枝总数。单位为枝。

0    无（无分枝）

1    有（最少有一分枝）

## 5.10 裂纹有无

在收获期，以整个试验小区植株为观测对象，采用目测法观察植株茎蔓表皮裂纹的有无。

  0 无（茎蔓表皮较为光滑）

  1 有（茎蔓表皮粗糙，裂纹明显）

## 5.11 蜡质有无

在植株生长中后期，以整个试验小区植株为观测对象，采用目测法观察植株中部叶片蜡质的有无。

  0 无（叶片表面无蜡质层）

  1 有（叶片表面有明显蜡质层）

## 5.12 单株叶数

在收获期，从每一个试验小区随机抽样 10 株，采用目测法调查每株丛共抽生的叶数。单位为片。

## 5.13 叶密度

在收获期，以整个试验小区植株为观测对象，采用目测法观察植株中部叶片紧密的程度。

  1 低（叶片间空隙明显，上下叶之间不交叉）

  2 中（叶片间有空隙，上下叶之间有交叉）

  3 高（叶片间几乎无空隙，上下叶之间交集在一起）

## 5.14 叶型

在植株生长中后期，以整个试验小区植株为观测对象，采用目测法观察植株中上部叶片的类型。

根据叶型模式图及下列说明确定种质的叶型。

  1 单叶（一个叶柄上只生一片叶的）

  2 复叶（一个叶柄上生有两片以上叶片的）

## 5.15 叶形

在植株生长中后期，以整个试验小区植株为观测对象，采用目测法观察植株中上部叶片。

根据叶形的模式图及下列说明，确定种质的形状。

  1 卵形（长宽近相等，最宽处近下部的叶形）

  2 心形（叶基部叶缘在主叶脉处内凹，整个叶片似"心"形）

  3 剑形（叶片狭窄，似"剑"的形状）

  4 戟形（叶片顶端锐尖，中部近于平行，基部叶缘向两侧突出）

## 5.16 叶尖

在植株生长中后期，以整个试验小区植株为观测对象，采用目测法观察植株中上部叶片叶尖的形状。

根据叶尖的模式图及下列说明，确定种质的叶尖。

1 钝尖 （叶尖端叶缘成直线渐尖，叶尖夹角大于 30 度）

2 锐尖 （叶尖端叶缘成直线渐尖，叶尖夹角小于 30 度）

4 凹陷 （叶尖端叶缘下凹）

## 5.17 叶耳间距

在植株生长中后期，以整个试验小区植株为观测对象，采用目测法观察植株中上部叶片叶耳间的距离大小。

根据叶尖的模式图及下列说明，确定种质的叶耳间距。

0 无 （叶耳相互靠在一起，无明显间距）

1 小 （叶耳相互靠近，间距明显，但夹角不大于 90 度）

2 大 （叶耳不靠近，间距非常大，夹角大于 90 度）

## 5.18 叶缘

在植株生长中后期，以整个试验小区植株为观测对象，采用目测法观察植株中上部叶片外缘情况。

根据叶尖的模式图及下列说明，确定种质的叶缘。

1 全缘 （叶周边平或近于平整）

2 锯齿状 （叶周边锯齿状）

## 5.19 叶缘色

在植株生长中后期，以整个试验小区植株为观测对象，正常一致的光照条件下，采用目测法观察植株中上部叶片叶缘的颜色。

根据观察结果，与标准色卡上相应代码的颜色进行比对，确定种质的叶缘色。

1 绿色 （FAN3，141B）

2 紫色 （FAN2，79B）

## 5.20 叶裂刻

在植株生长中后期，以整个试验小区植株为观测对象，采用目测法观察植株中上部叶片裂刻的有无及深浅情况。

根据叶裂刻的模式图，确定种质的叶裂刻。

0 无

1 浅

2 深

## 5.21 叶面蜡质分布

在植株生长中后期，以整个试验小区植株为观测对象，采用目测法观察植株中上部叶片裂刻的有无及深浅情况。

    0    无（叶片正面和背面均无蜡质）

    1    叶正面（叶正面有蜡质，背面无蜡质）

    2    叶背面（叶背面有蜡质，正面无蜡质）

    3    双面（叶背面和正面均有蜡质）

## 5.22　叶色

在植株生长中后期，以整个试验小区植株为观测对象，正常一致的光照条件下，采用目测法观察植株中上部叶片正面的颜色。

根据观察结果，与标准色卡上相应代码的颜色进行比对，确定种质的叶色。

    1    黄绿色（FAN3，141C）

    2    灰绿色（FAN3，122B）

    3    深绿色（FAN3，135B）

    4    紫绿色（FAN4，N186B）

    5    紫色（FAN2，79B）

## 5.23　叶长

在收获期，从每一个试验小区随机抽样 10 株，采用直尺测量植株茎蔓中部最大叶片的基部至叶先端的长度。单位为 cm，精确到 0.1cm。

## 5.24　叶宽

在收获期，从每一个试验小区随机抽样 10 株，采用直尺测量植株茎蔓中部最大叶片的最宽处的宽度。单位为 cm，精确到 0.1cm。

## 5.25　叶厚

在收获期，以整个试验小区植株为观测对象，采用目测及手触摸的感觉判断植株茎蔓中部最大叶片的薄厚程度。

    1    薄

    2    中

    3    厚

## 5.26　叶柄色

在植株生长中后期，以整个试验小区植株为观测对象，正常一致的光照条件下，采用目测法观察植株中上部叶片叶柄的颜色。

根据观察结果，与标准色卡上相应代码的颜色进行比对，确定种质的叶柄色。

    1    绿色基部紫色

    2    浅绿色（FAN3，142B）

    3    绿色（FAN3，141B）

    4    紫红色（FAN2，59B）

## 5.27　叶柄茸毛

植株生长盛期，以整个试验小区植株为观测对象，采用目测法观察植株中上部叶片叶柄茸毛的稀密程度。

　　　1　稀
　　　2　密

## 5.28　叶柄长

在收获期，从每一个试验小区随机抽样 10 株，采用直尺测量植株茎蔓中部最大叶片自叶柄基部至叶片基部的长度。单位为 cm，精确到 0.1cm。

## 5.29　叶脉色

在植株生长中后期，以整个试验小区植株为观测对象，正常一致的光照条件下，采用目测法观察植株中上部叶片主脉的颜色。

根据观察结果，与标准色卡上相应代码的颜色进行比对，确定种质的叶脉颜色。

　　　1　黄绿色（FAN3，141C）
　　　2　绿色（FAN3，141B）
　　　3　灰紫色（FAN2，N187C）
　　　4　紫色（FAN2，N92D）

## 5.30　卷须有无

生长盛期，以整个试验小区植株为观测对象，采用目测法观察主蔓上是否着生有卷须。

　　　0　无
　　　1　有

## 5.31　卷须形状

生长盛期，以整个试验小区的植株为观测对象，采用目测的方法观测卷须的卷曲程度。

根据卷须形状模式图及下列说明，确定种质的卷须形状。

　　　1　较直（卷须末端不卷曲或稍弯）
　　　2　轻度卷曲（末端稍卷曲）
　　　3　重度卷曲（卷须末端卷曲数圈）

## 5.32　叶翻卷

在植株生长中后期，以整个试验小区植株为观测对象，采用目测法观察植株中上部叶片叶缘是否翻卷及翻卷程度。

　　　0　无
　　　1　弱
　　　2　强

### 5.33 托叶有无

在植株生长中后期，以整个试验小区植株为观测对象，采用目测法观察植株中上部叶片的托叶有无。

    0    无

    1    有

### 5.34 零余子有无

在收获期，以整个试验小区植株为观测对象，采用目测法观察植株是否形成零余子。

    0    无

    1    有

### 5.35 零余子形状

在收获期，以整个试验小区的植株为观测对象，采用目测的方法观察发育正常的零余子的形状。

    1    圆

    2    椭圆

    3    长棒

    4    不规则

### 5.36 零余子表皮色

在收获期，以整个试验小区植株为观测对象，正常一致的光照条件下，采用目测法观察植株上发育正常的零余子表皮的颜色。

根据观察结果，与标准色卡上相应代码的颜色进行比对，确定种质的零余子表皮的颜色。

    1    灰色（FAN4，198B）

    2    浅褐色（FAN4，N200B）

    3    深褐色（FAN4，200A）

### 5.37 零余子表皮

在收获期，以整个试验小区植株为观测对象，采用目测法观察植株上发育正常的零余子表皮的光滑及粗糙程度。

    1    光滑

    2    粗糙

    3    皱褶

### 5.38 零余子表皮厚

在收获期，以整个试验小区植株为观测对象，采用目测及手触摸的感觉判断零余子表皮的薄厚程度。

    1    薄

2 厚

## 5.39 零余子肉色

在收获期，以整个试验小区植株为观测对象，正常一致的光照条件下，采用目测法观察植株上发育正常的零余子横切面的肉质颜色。

根据观察结果，与标准色卡上相应代码的颜色进行比对，确定种质的零余子的肉色。

1 白色（FAN4，155C）

2 黄白色（FAN4，158BC）

3 橙黄色（FAN4，N199D）

4 紫色（FAN2，71A）

5 白紫色（FAN3，117C）

6 杂色

## 5.40 零余子直径

在收获期，从每个试验小区随机抽取 10 个发育正常的零余子，用卡尺测量零余子最粗处的直径的大小。

根据测量结果及下列说明确定零余子直径。

1 ≤1cm

2 2~5cm

3 6~10cm

4 >10cm

## 5.41 零余子重

以 5.40 采集零余子样品为观测对象，用 1/100 的电子秤称量 10 个零余子的总重，然后换算成单个零余子重。单位为 g，精确到 0.1g。

## 5.42 块茎有无

在收获期，以整个试验小区植株为观测对象，采用目测法观察植株是否形成地下块茎或根状茎。

0 无

1 有

## 5.43 块茎类型

在收获期，以整个试验小区植株为观测对象，采用目测法观察植株块茎形成的部位，根据观察结果及下列说明确定块茎类型。

1 根状茎（由地下茎及部分根膨大形成）

2 块状茎（主要由地下茎膨大形成）

## 5.44 每丛块茎数

在收获期，从每一个试验小区随机抽样 10 株，采用目测法调查每一株丛形成地下块茎的数量。单位为块。

**5.45 块茎紧密度**

以5.44抽取的块茎样品为观测对象，采用目测法观察块茎之间的紧密程度。根据观测结果以下列说明，确定种质的块茎紧密度。

    1    疏散独立（块茎与块茎几乎相互独立，非常疏散）

    2    紧密独立（块茎与块茎虽然很紧密，但很容易用手分开）

    3    不独立（块茎与块茎紧密，不易用手分开）

**5.46 块茎形状**

以5.44抽取的块茎样品为观测对象，采用目测的方法观察发育正常的块茎的形状。

参照块茎形状模式图，确定种质的块茎形状。

    1    近圆

    2    卵形

    3    长卵

    4    圆柱

    5    扁平

    6    脚状

    7    不规则

**5.47 块茎分枝**

以5.44抽取的块茎样品为观测对象，采用目测的方法观察发育正常的块茎是否分枝及分枝多少。

参照块茎分枝模式图，确定种质的块茎分枝。

    0    无分枝

    1    二分枝

    2    多分枝

**5.48 块茎根毛密度**

以5.44抽取的块茎样品为观测对象，采用目测的方法观察发育正常的块茎形成根毛的多少。

参照块茎分枝模式图，确定种质的块茎根毛密度。

    1    少

    2    多

**5.49 块茎根毛分布**

以5.44抽取的块茎样品为观测对象，采用目测的方法观察发育正常的块茎根毛分布的部分。

参照块茎根毛分布模式图，确定种质的块茎根毛分布。

1　　底部

2　　中部

3　　上部

4　　全部

## 5.50　块茎表皮褶皱

以5.44抽取的块茎样品为观测对象，采用目测的方法观察发育正常的地下块茎表皮褶皱有无及多少。

参照块茎表皮褶皱模式图，确定种质的块茎表皮褶皱。

0　　光滑

1　　少皱

2　　多皱

## 5.51　块茎表皮色

以5.44抽取的块茎样品为观测对象，采用目测法观察植株上发育正常的地下块茎表皮的颜色。

根据观察结果，与标准色卡上相应代码的颜色进行比对，确定种质的块茎表皮色。

1　　浅褐色（FAN4，200D）

2　　褐色（FAN4，200A）

3　　灰色（FAN4，N200C）

## 5.52　块茎长

以5.44抽取的块茎样品为观测对象，用直尺测量其中最大地下块茎的最大长度。单位为cm，精确到0.1cm。

## 5.53　块茎宽

以5.44抽取的块茎样品为观测对象，测量其中最大地下块茎的最大宽度或最大直径。单位为cm，精确到0.1cm。

## 5.54　块茎硬度

以5.44抽取的块茎样品为观测对象，根据地下块茎最粗处切开的难易程度，将块茎硬度分为：

1　　硬

2　　软

## 5.55　块茎肉色

以5.54切开的块茎样品为观察对象，采用目测法观察植株上发育正常的地下块茎横切面的肉质颜色。

根据观察结果，与标准色卡上相应代码的颜色进行比对，确定种质的块茎肉色。

    1    乳白色（FAN4，155B）

    2    黄白色（FAN4，158BC）

    3    浅紫色（FAN2，91C）

    4    紫色（FAN2，N92B）

    5    紫白色（FAN2，69B）

    6    外缘紫色

## 5.56　块茎肉质

以5.54切开的块茎样品为观察对象，采用目测法观察植株上发育正常的地下块茎横切面的肉质的粗糙程度。

    1    光滑

    2    粒状

## 5.57　肉质褐化

以5.54切开的块茎样品为观察对象，计算自切开后至块茎横切面肉质发生褐变的时间。

根据计算结果，确定种质的肉质褐化。

    1    <1min

    2    1~2min

    3    >2min

## 5.58　肉质胶质

以5.54切开的块茎样品为观察对象，采用目测法观测地下块茎横切后，胶质溢出的多少。

    1    少

    2    中

    3    多

## 5.59　肉质胶质刺激性

将5.52的块茎样品，去皮后对人小手臂皮肤进行往返两次擦拭。根据地下块茎胶质对人皮肤的刺激程度，分为3级。

    1    弱

    2    中

    3    强

## 5.60　球茎有无

在收获期，以整个试验小区收获的块茎为观测对象，采用目测法观察地下块茎上是否形成小块茎。

    0    无

    1    有

**5.61  球茎与块茎分离**

在收获期，以整个试验小区收获的块茎为观测对象，采用目测法观察及用手进行摘取球茎，判断球茎与块茎分离的难易程度。

    1    易

    2    难

**5.62  球茎类型**

在收获期，以整个试验小区收获的块茎为观测对象，采用目测法观察球茎的形状。

根据球茎模式图，确定种质的球茎类型。

    1    规则

    2    横向拉长

    3    分枝

**5.63  开花习性**

山药资源在几个生长年份里，生育周期内，是否开花及开花的频率。

    0    不开花

    1    有时开花

    2    每年开花

**5.64  花序类型**

开花山药资源形成的花序类型。

    1    穗状花序

    2    总状花序

    3    圆锥花序

**5.65  性型**

开花盛期，以整个试验小区植株为观测对象，观察每一株的性别。根据山药群体内雌株和雄株的比率，将性型分为4种。

    1    雌株（全部植株为雌性）

    2    雄株（全部植株为雄性）

    3    雌株＜雄株（小区内雄性植株占比率大）

    4    雄株＜雌株（小区内雌性植株占比率大）

**5.66  花序着生状态**

开花盛期，以整个试验小区植株为观测对象，观察花序的着生姿态。

    1    向上

    2    向下

**5.67  每节花序数**

开花盛期，以整个试验小区植株为观测对象，随机抽取10个株丛，每株丛选取植株中部花节进行调查花序的数量。单位为序，精确到整数位。

**5.68 每序花数**

以 5.67 的花序样品为观测对象，抽取其中 10 序花序，调查每序花序形成的花数。单位为朵，精确到整数位。

**5.69 花序长**

以 5.68 的花序样品为观测对象，用直尺测量花序基部至花序顶端的长度。单位为 cm。

**5.70 花色**

开花盛期，以整个试验小区植株为观测对象，采用目测法观察植株上发育正常的花朵的颜色。

根据观察结果，与标准色卡上相应代码的颜色进行比对，确定种质的花色。

    1    白色（FAN4，155C）
    2    黄色（FAN1，21BC）
    3    紫色（FAN4，4C）

**5.71 果实有无**

在几个生长年份里，开花山药资源是否能开花并结果实的特性。

    0    无
    1    有

**5.72 果实着生状态**

结果盛期，以整个试验小区植株为观测对象，采用目测法观察果实着生的姿态。

    1    向上
    2    向下

**5.73 种子有无**

在几个生长年份里，开花山药资源是否能开花结果并形成种子的特性。

    0    无
    1    有

**5.74 种子千粒重**

果实成熟期，采收每个试验小区的所有果实，在剖种、干燥和清选的基础上，从清选后的种子中随机取样，4 次重复，每次重复 1 000 粒种子，用 1/1 000 的电子天平称取每 1 000 粒种子的质量，单位为 g，精确到 0.01g。

**5.75 单产**

在收获期，按照商品块茎的生产的标准进行采收，统计每小区收获的块茎总重量，并根据小区株数和占地面积折算出每公顷的总产量，单位为 kg/hm²，精确到整数位。

**5.76  形态一致性**

在山药生长发育的不同时期，按山药描述规范和数据质量控制规范中列出的观测项目及其数据的采集方法观测群体内主要形态性状，获得有关的性状值，按照群体内性状的变异程度和单株间性状的差异显著性确定该种质的形态一致性。

山药群体内的形态性状的一致性表现在很多性状上，根据不同生育期主要形态性状的表现分为 3 类。

　　1　　一致（大多数性状基本一致）

　　2　　连续变异（主要数量性状上存在显著差异，而且其差异呈连续性，不容易清楚地区分）

　　3　　不连续变异（主要质量性状上差异较大，而且能明显区分开来）

**5.77  播种期**

在种子播种的当日记录其日期。表示方法为"年月日"，格式"YYYYMM-DD"。如"20030328"，表示 2003 年 3 月 28 日播种。

**5.78  出苗期**

小区内有 30% 植株出苗的日期，以"年月日"表示，格式"YYYYMMDD"。如"20030518"，表示 2003 年 5 月 18 日出苗。

**5.79  收获期**

记录收获山药地下块茎的日期，以"年月日"表示，格式"YYYYMMDD"。如"20031118"，表示 2003 年 11 月 18 日收获。

## 6  品质特性

### 6.1  肉质

在收获期，参照 GB/T 8855—1988 新鲜水果和蔬菜的取样方法，从每个试验小区采收的成熟块茎中随机选取 10 个，清洗干净，去掉表皮，取其可食部分，切成薄片，混匀待用。

取 1 000g 混样在沸水中煮 1~2min，按照 GB/T 10220—1988 感官分析方法总论中有关部分进行评尝员的选择、样品的准备以及感官评价的误差控制。

参照 GB/T 12316—1990 感官分析方法"A"－非"A"检验方法，请 10~15 名评尝员对每一份种质的样品进行尝评，通过与以下 2 类肉质的对照品种进行比较，给出"与对照同"或"与对照不同"的回答。按照评尝员对每份种质和对照肉质的评判结果，汇总对每份种质和对照的各种回答数，并对种质样品和对照的差异显著性进行 $x^2$ 测验，如果某样品与对照 1 无差异，即可判断该种质的肉质类型；如果某样品与对照 1 差异显著，则需与对照 2 进行比较。

　　1　　致密

    2    松软

## 6.2 块茎黏性

以6.1中煮后的混样为评价对象，按照 GB/T 10220—1988 感官分析方法总论中有关部分进行评尝员的选择、样品的准备以及感官评价的误差控制。

参照 GB/T 12316—1990 感官分析方法 "A" – 非 "A" 检验方法，请 10 ~ 15 名评尝员对每一份种质的样品进行尝评，通过与以下 3 类块茎黏性的对照品种进行比较，给出 "与对照同" 或 "与对照不同" 的回答。按照评尝员对每份种质和对照块茎黏性的评判结果，汇总对每份种质和对照的各种回答数，并对种质样品和对照的差异显著性进行 $X^2$ 测验，如果某样品与对照 3 无差异，即可判断该种质的块茎黏性类型；如果某样品与对照 3 差异显著，则需与对照 5、对照 7 进行比较。

    3    强
    5    中
    7    弱

## 6.3 品质

主要从块茎的外观（块茎形状和大小、颜色深浅、整齐度等）、肉质、营养性状等综合评价块茎品质，通常分为上、中、下 3 个等级。

取样方法参照6.1。用目测法观测块茎外观，参考 6.1 和 6.2 的感官评价结果和下述说明，综合确定相应种质的品质等级。

    3    上（块茎形状、色泽良好，外观整齐一致，基本无畸形块茎）
    5    中（块茎形状、色泽一般，外观、大小略有差异，有少量畸形块茎）
    7    下（块茎形状、色泽较差，外观、大小差异大，畸形块茎较多）

## 6.4 水分含量

参照6.1中的方法进行取样。按照 GB/T 8858—1988 水果、蔬菜产品中干物质和水分含量的测定方法及时测量样品中的水分含量。以% 表示，精确到 0.1%。

## 6.5 维生素 C 含量

参照6.1中的方法取样。按照 GB/T 6195—1986 水果、蔬菜维生素 C 含量测定方法（2，6 – 二氯靛酚滴定法）测定新鲜、成熟山药块茎中维生素 C 的含量。

单位为 $10^{-2}mg/g$，保留小数点后两位数字。平行测定结果的相对相差，在维生素 C 含量大于 $20 \times 10^{-2}mg/g$ 时，不得超过2%，小于 $20 \times 10^{-2}mg/g$ 时，不得超过5%。

## 6.6 粗蛋白含量

参照6.1中的方法取样。按照 GB/T 14771—1993 食品中蛋白质的测定方法测定山药新鲜、成熟块茎中的粗蛋白含量。以%表示，精确到0.1%。

## 6.7 可溶性糖含量

参照6.1中的方法取样。按照GB/T 6194—1986水果、蔬菜可溶性糖测定法测定新鲜、成熟块茎中的可溶性糖的含量。以%表示，精确到0.1%。

## 6.8 淀粉含量

参照6.1中的方法取样。按照GB/T 5009.9 - 1993食品中淀粉的测定方法测定新鲜、成熟块茎中的淀粉含量。以%表示，精确到0.1%。

## 7 抗病虫性

白涩病抗性。

山药对白涩病抗性的鉴定可以参考以下人工接种鉴定法。

### 7.1 鉴定材料准备

播种育苗：设置适宜的感病和抗病对照品种。各参试种质种于试验田。每份参试种质重复3次，每一次重复10株苗。按常规方法进行管理，在气候条件适宜发病的时候进行人工接菌。

### 7.2 接菌方法

每品种选取3个接种点，每点选取新鲜健壮、长势基本一致的叶片10片。于天气晴朗的下午喷雾接菌，保证叶片正反两面均匀布满菌液，接菌后套袋保湿48h。孢子悬浮液浓度为$2.5 \times 10^5$个分生孢子/ml。

### 7.3 病情调查与分级标准

接种后7~10d调查发病情况，记录病株数及病级。病情分级标准如下：

| 病级 | 病斑面积（A） |
|------|------------|
| 0级 | A = 0，无病症 |
| 1级 | 0 < A ≤ 5% |
| 2级 | 5% < A ≤ 10% |
| 3级 | 10% < A ≤ 20% |
| 4级 | 20% < A ≤ 50% |
| 5级 | 50% < A ≤ 100% |

计算病情指数：

公式为：

$$DI = \frac{\sum (s_i n_i)}{5N} \times 100$$

式中：$DI$——病情指数

$s_i$——发病级别

$n_i$——相应病级级别的株数

$i$——病情分级的各个级别

$N$——调查总株数

抗性鉴定结果的统计分析和校验参照3.3。

种质群体对白涩病的抗性依据苗期病情指数分为6级。

0 免疫（I）（病情指数 =0）

1 高抗（HR）（0 < 病情指数≤15）

3 抗病（R）（15 < 病情指数≤35）

5 中抗（MR）（35 < 病情指数≤55）

7 感病（S）（55 < 病情指数≤75）

9 高感（HS）（病情指数 >75）

必要时，计算相对病指，用以比较不同批次试验材料的抗病性。

注意事项：

筛选致病力较高的，且具有区域代表性的病原菌株；严格控制接种菌液的浓度和试验条件的一致性；设置适宜的抗病和感病对照品种；加强栽培管理，使幼苗生长健壮、整齐一致。

## 8　其他特征特性

### 8.1　食用器官

山药供食器官及其适宜采收的阶段。

1 块茎

2 零余子

### 8.2　用途

山药食用器官适宜食用的途径。

1 生食

2 熟食

3 加工

### 8.3　核型

表示染色体的数目、大小、形态和结构特征的公式。

### 8.4　分子标记

黄瓜种质指纹图谱和重要性状的分子标记类型及其特征参数。

1　RAPD

2　RFLP

3　AFLP

4　SSR

5　CAPS

6　SNP

## 8.5　备注

山药种质特殊描述符或特殊代码的具体说明。

# 六　山药种质资源数据采集表

| 1　基本信息 | | | |
|---|---|---|---|
| 全国统一编号（1） | | 种质圃编号（2） | |
| 引种号（3） | | 采集号（4） | |
| 种质名称（5） | | 种质外文名（6） | |
| 科名（7） | | 属名（8） | |
| 学名（9） | | 原产国（10） | |
| 原产省（11） | | 原产地（12） | |
| 海拔（13） | m | 经度（14） | |
| 纬度（15） | | 来源地（16） | |
| 保存单位（17） | | 保存单位编号（18） | |
| 系谱（19） | | 选育单位（20） | |
| 育成年份（21） | | 选育方法（22） | |
| 种质类型（23） | 1：野生资源　　2：地方品种　　3：选育品种　　4：品系<br>5：遗传材料　　6：其他 | | |
| 图像（24） | | 观测地点（25） | |
| 2　形态特征和生物学特性 | | | |
| 株型（26） | 1：矮生<br>2：灌木型<br>3：匍匐型 | 蔓盘绕习性（27） | 0：无　　1：顺时<br>2：逆时 |
| 嫩茎长（28） | cm | 蔓数（29） | 条 |
| 蔓长（30） | 1：<2m<br>2：2～10m<br>3：>10m | 节间长（31） | cm |
| 茎粗（32） | mm | 茎色（33） | 1：绿色<br>2：紫绿色<br>3：褐绿色<br>4：黑绿色<br>5：紫色 |
| 分枝数（34） | 枝 | 裂纹有无（35） | 0：无　　1：有 |
| 蜡质有无（36） | 0：无　　1：有 | 单株叶数（37） | 片 |
| 叶密度（38） | 1：低　　2：中<br>3：高 | 叶型（39） | 1：单叶　2：复叶 |

（续表）

| 叶形（40） | 1：卵形　2：心形<br>3：剑形　4：戟形 | 叶尖（41） | 1：钝尖　2：锐尖<br>3：凹陷 |
|---|---|---|---|
| 叶耳间距（42） | 0：无　　1：小<br>2：大 | 叶缘（43） | 1：全缘<br>2：锯齿状 |
| 叶缘色（44） | 1：绿色　2：紫色 | 叶裂刻（45） | 0：无　　1：浅<br>2：深 |
| 叶面蜡质分布（46） | 0：无<br>1：叶正面<br>2：叶背面<br>3：双面 | 叶色（47） | 1：黄绿色<br>2：灰绿色<br>3：深绿色<br>4：紫绿色<br>5：紫 |
| 叶长（48） | cm | 叶宽（49） | cm |
| 叶厚（50） | 1：薄<br>2：中<br>3：厚 | 叶柄色（51） | 1：绿色基部紫色<br>2：浅绿色<br>3：绿色<br>4：紫红色 |
| 叶柄茸毛（52） | 1：稀　　2：密 | 叶柄长（53） | cm |
| 叶脉色（54） | 1：黄绿色2：绿色<br>3：灰紫色<br>4：紫色 | 卷须有无（55） | 0：无　　1：有 |
| 卷须形状（56） | 1：较直<br>2：轻度卷曲<br>3：重度卷曲 | 叶翻卷（57） | 0：无　　1：弱<br>2：强 |
| 托叶有无（58） | 0：无　　1：有 | 零余子有无（59） | 0：无　　1：有 |
| 零余子形状（60） | 1：圆　　2：椭圆　　3：长棒　　4：不规则 | | |
| 零余子表皮色（61） | 1：灰色　2：浅褐色<br>3：深褐色 | 零余子表皮（62） | 1：光滑　2：粗糙<br>3：皱褶 |
| 零余子表皮厚（63） | 1：薄　　2：厚 | 零余子肉色（64） | 1：白色<br>2：黄白色<br>3：橙黄色<br>4：紫<br>5：白紫色<br>6：杂色 |

（续表）

| | | | |
|---|---|---|---|
| 零余子直径（65） | 1：≤1cm　2：2～5cm<br>3：6～10cm<br>4：>10cm | 零余子重（66） | g |
| 块茎有无（67） | 0：无　　1：有 | 块茎类型（68） | 1：根状茎<br>2：块状茎 |
| 每丛块茎数（69） | 1：一个<br>2：两个<br>3：多个 | 块茎紧密度（70） | 1：疏散独立<br>2：密集独立<br>3：不独立 |
| 块茎形状（71） | 1：近圆　2：卵形<br>3：长卵　4：圆柱<br>5：扁平　6：脚状<br>7：不规则 | 块茎分枝（72） | 0：无分枝<br>1：二分枝<br>2：多分枝 |
| 块茎根毛密度（73） | 1：少　　2：多 | 块茎根毛分布（74） | 1：底部　2：中部<br>3：上部　4：全部 |
| 块茎表皮褶皱（75） | 0：光滑<br>1：少皱<br>2：多皱 | 块茎表皮色（76） | 1：浅褐色<br>2：褐色<br>3：灰色 |
| 块茎硬度（77） | 1：硬<br>2：软 | 块茎肉色（78） | 1：乳白色<br>2：黄白色<br>3：浅紫色<br>4：紫色<br>5：紫白色<br>6：外缘紫色 |
| 肉质褐化（79） | 1：<1min<br>2：1～2min<br>3：>2min | 肉质胶质（80） | 1：少　　2：中<br>3：多 |
| 肉质胶质刺激性（81） | 1：弱　　2：中<br>3：强 | 块茎长（82） | cm |
| 块茎宽（83） | cm | 球茎有无（84） | 0：无　　1：有 |
| 球茎大小（85） | 0：大　　1：小 | 球茎与块茎分离（86） | 0：易　　1：难 |
| 球茎类型（87） | 1：规则<br>2：横向拉长<br>3：分枝 | 开花习性（88） | 0：不开花<br>1：有时开花<br>2：每年开花 |

（续表）

| | | | |
|---|---|---|---|
| 花序类型（89） | 1：穗状花序<br>2：总状花序<br>3：圆锥花序 | 性型（90） | 1：雌株<br>2：雄株<br>3：雌株＜雄株<br>4：雄株＜雌株 |
| 花序着生状态（91） | 1：向上　2：向下 | 每节花序数（92） | 序 |
| 每序花数（93） | 朵 | 花序长（94） | cm |
| 花色（95） | 1：白色　2：黄色<br>3：紫色 | 果实有无（96） | 0：无　1：有 |
| 果实着生状态（97） | 1：向上　2：向下 | 种子有无（98） | 0：无　1：有 |
| 种子千粒重（99） | g | 单产（100） | kg/hm² |
| 形态一致性（101） | 1：一致<br>2：连续变异<br>3：不连续变异 | 播种期（102） | |
| 出苗期（103） | | 收获期（104） | |
| **3　品质特性** | | | |
| 肉质（105） | | 块茎黏性（106） | 3：强<br>5：中<br>7：弱 |
| 品质（107） | 3：上　5：中<br>7：下 | 水分含量（108） | % |
| 维生素 C 含量（109） | $10^{-2}$mg/g | 粗蛋白含量（110） | % |
| 可溶性糖含量（111） | % | 淀粉含量（112） | % |
| **4　抗病虫性** | | | |
| 白涩病抗性（113） | 0：免疫　1：高抗<br>3：抗病　5：中抗<br>7：感病　9：高感 | | |
| **5　其他特征特性** | | | |
| 食用器官（114） | 1：块茎　2：零余子 | 用途（115） | 1：生食<br>2：熟食<br>3：加工 |
| 核型（116） | | 分子标记（117） | |
| 备注（118） | | | |

填表人：　　　　　　　　　　　审核：　　　　　　　　　　　日期：

# 七 山药种质资源利用情况报告格式

**1 种质利用概况**

每年提供利用的种质类型、份数、份次、用户数等。

**2 种质利用效果及效益**

提供利用后育成的品种（系）、创新材料，以及其他研究利用、开发创收等产生的经济、社会和生态效益。

**3 种质利用经验和存在的问题**

组织管理、资源管理、资源研究和利用等。

# 八　山药种质资源利用情况登记表

| 种质名称 | | | | | | |
|---|---|---|---|---|---|---|
| 提供单位 | | 提供日期 | | | 提供数量 | |
| 提供种质<br>类　　型 | 地方品种□　育成品种□　高代品系□　国外引进品种□　野生种□<br>近缘植物□　遗传材料□　突变体□　其他□ | | | | | |
| 提供种质<br>形　　态 | 植株（苗）□　荚果□　籽粒□　根□　茎□　叶□　芽□　花（粉）□<br>组织□　细胞□　DNA□　其他□ | | | | | |
| 统一编号 | | 国家种质资源圃编号 | | | | |
| 提供种质的优异性状及利用价值：<br><br><br><br><br><br> | | | | | | |
| 利用单位 | | 利用时间 | | | | |
| 利用目的 | | | | | | |
| 利用途径：<br><br><br><br><br> | | | | | | |
| 取得实际利用效果：<br><br><br><br><br><br> | | | | | | |

种质利用单位盖章　　种质利用者签名：　　　　　年　　　月　　　日

# 主要参考文献

杜韧强，马淑霞，周婷娣．2004．山药栽培技术．经济作物．167（1）：24．

何海玲，单承莺，张卫明，张玖．2006．山药研究进展．中国野生植物资源．25（6）：1-6．

江苏新医学院．1986．中药大辞典．上海：上海科技出版社．

唐世蓉，庞自洁．1987．山药的营养成分分析．中药通报．12（4）：36．

王飞，刘红彦，鲁传涛等．2003．5 个山药品种资源的农艺性状和营养品质比较．河南农业科学．（3）：58-60．

中国农学会遗传资源学会．1994．中国作物遗传资源．北京：中国农业出版社．

中国农业科学院蔬菜花卉研究所．1998．中国蔬菜品种资源目录．北京：万国学术出版社．

中国农业科学院蔬菜花卉研究所．1987．中国蔬菜栽培学．北京：农业出版社．

中国农业科学院蔬菜花卉研究所．2001．中国蔬菜品种志（上卷）．北京：中国农业科技出版社．

中华人民共和国农业部．2004．中国农业统计资料（2003）．北京：中国农业出版社．

FAO. 2003. Production Yearbook.

Tsukasa Nagamine and Hisato Takeda. 1999. The descriptors for characterization and evaluation in plant genetic resources. National Institute of Agricultural Resources，Ministry of Agriculture，Forestry and Fisheries of Japan.

B. M. Irish and J. C. Correll，S. T. Koike，J. Schafer，etc.，2003. Identification and Cultivar Reaction to Three New Races of the Spinach Downy Mildew Pathogen from the United States and Europe．Plant Disease. 87（5）：567-572.

Genetic Diversity in Yam Germplasm from Ethiopia and Their Relatedness to the Main Cultivated Dioscorea Species Assessed by AFLP. Muluneh Tamiru，Heiko C. Becker and Brigitte L. Maassa，Crop Sci.（47）：1 744-1 746.

# 《农作物种质资源技术规范丛书》

# 分 册 目 录

## 1 总论

1－1 农作物种质资源基本描述规范和术语

1－2 农作物种质资源收集技术规程

1－3 农作物种质资源整理技术规程

1－4 农作物种质资源保存技术规程

## 2 粮食作物

2－1 水稻种质资源描述规范和数据标准

2－2 野生稻种质资源描述规范和数据标准

2－3 小麦种质资源描述规范和数据标准

2－4 小麦野生近缘植物种质资源描述规范和数据标准

2－5 玉米种质资源描述规范和数据标准

2－6 大豆种质资源描述规范和数据标准

2－7 大麦种质资源描述规范和数据标准

2－8 高粱种质资源描述规范和数据标准

2－9 谷子种质资源描述规范和数据标准

2－10 黍稷种质资源描述规范和数据标准

2－11 燕麦种质资源描述规范和数据标准

2－12 荞麦种质资源描述规范和数据标准

2－13 甘薯种质资源描述规范和数据标准

2－14 马铃薯种质资源描述规范和数据标准

2－15 籽粒苋种质资源描述规范和数据标准

2－16 小豆种质资源描述规范和数据标准

2-17　豌豆种质资源描述规范和数据标准

2-18　豇豆种质资源描述规范和数据标准

2-19　绿豆种质资源描述规范和数据标准

2-20　普通菜豆种质资源描述规范和数据标准

2-21　蚕豆种质资源描述规范和数据标准

2-22　饭豆种质资源描述规范和数据标准

2-23　木豆种质资源描述规范和数据标准

2-24　小扁豆种质资源描述规范和数据标准

2-25　鹰嘴豆种质资源描述规范和数据标准

2-26　羽扇豆种质资源描述规范和数据标准

2-27　山黧豆种质资源描述规范和数据标准

2-28　黑吉豆种质资源描述规范和数据标准

# 3　经济作物

3-1　棉花种质资源描述规范和数据标准

3-2　亚麻种质资源描述规范和数据标准

3-3　苎麻种质资源描述规范和数据标准

3-4　红麻种质资源描述规范和数据标准

3-5　黄麻种质资源描述规范和数据标准

3-6　大麻种质资源描述规范和数据标准

3-7　青麻种质资源描述规范和数据标准

3-8　油菜种质资源描述规范和数据标准

3-9　花生种质资源描述规范和数据标准

3-10　芝麻种质资源描述规范和数据标准

3-11　向日葵种质资源描述规范和数据标准

3-12　红花种质资源描述规范和数据标准

3-13　蓖麻种质资源描述规范和数据标准

3-14　苏子种质资源描述规范和数据标准

3-15　茶树种质资源描述规范和数据标准

3-16　桑树种质资源描述规范和数据标准

3-17　甘蔗种质资源描述规范和数据标准

3-18　甜菜种质资源描述规范和数据标准

3-19　烟草种质资源描述规范和数据标准

3-20　橡胶树种质资源描述规范和数据标准

# 4 蔬菜

4－1　萝卜种质资源描述规范和数据标准

4－2　胡萝卜种质资源描述规范和数据标准

4－3　大白菜种质资源描述规范和数据标准

4－4　不结球白菜种质资源描述规范和数据标准

4－5　菜薹和薹菜种质资源描述规范和数据标准

4－6　叶用和薹（籽）用芥菜种质资源描述规范和数据标准

4－7　根用和茎用芥菜种质资源描述规范和数据标准

4－8　结球甘蓝种质资源描述规范和数据标准

4－9　花椰菜和青花菜种质资源描述规范和数据标准

4－10　芥蓝种质资源描述规范和数据标准

4－11　黄瓜种质资源描述规范和数据标准

4－12　南瓜种质资源描述规范和数据标准

4－13　冬瓜和节瓜种质资源描述规范和数据标准

4－14　苦瓜种质资源描述规范和数据标准

4－15　丝瓜种质资源描述规范和数据标准

4－16　瓠瓜种质资源描述规范和数据标准

4－17　西瓜种质资源描述规范和数据标准

4－18　甜瓜种质资源描述规范和数据标准

4－19　番茄种质资源描述规范和数据标准

4－20　茄子种质资源描述规范和数据标准

4－21　辣椒种质资源描述规范和数据标准

4－22　菜豆种质资源描述规范和数据标准

4－23　韭菜种质资源描述规范和数据标准

4－24　葱（大葱、分葱、楼葱）种质资源描述规范和数据标准

4－25　洋葱种质资源描述规范和数据标准

4－26　大蒜种质资源描述规范和数据标准

4－27　菠菜种质资源描述规范和数据标准

4－28　芹菜种质资源描述规范和数据标准

4－29　苋菜种质资源描述规范和数据标准

4－30　莴苣种质资源描述规范和数据标准

4－31　姜种质资源描述规范和数据标准

4－32　莲种质资源描述规范和数据标准

4-33　茭白种质资源描述规范和数据标准

4-34　蕹菜种质资源描述规范和数据标准

4-35　水芹种质资源描述规范和数据标准

4-36　芋种质资源描述规范和数据标准

4-37　荸荠种质资源描述规范和数据标准

4-38　菱种质资源描述规范和数据标准

4-39　慈姑种质资源描述规范和数据标准

4-40　芡实种质资源描述规范和数据标准

4-41　蒲菜种质资源描述规范和数据标准

4-42　百合种质资源描述规范和数据标准

4-43　黄花菜种质资源描述规范和数据标准

4-44　山药种质资源描述规范和数据标准

## 5　果树

5-1　苹果种质资源描述规范和数据标准

5-2　梨种质资源描述规范和数据标准

5-3　山楂种质资源描述规范和数据标准

5-4　桃种质资源描述规范和数据标准

5-5　杏种质资源描述规范和数据标准

5-6　李种质资源描述规范和数据标准

5-7　柿种质资源描述规范和数据标准

5-8　核桃种质资源描述规范和数据标准

5-9　板栗种质资源描述规范和数据标准

5-10　枣种质资源描述规范和数据标准

5-11　葡萄种质资源描述规范和数据标准

5-12　草莓种质资源描述规范和数据标准

5-13　柑橘种质资源描述规范和数据标准

5-14　龙眼种质资源描述规范和数据标准

5-15　枇杷种质资源描述规范和数据标准

5-16　香蕉种质资源描述规范和数据标准

5-17　荔枝种质资源描述规范和数据标准

5-18　弥猴桃种质资源描述规范和数据标准

5-19　穗醋栗种质资源描述规范和数据标准

5-20　沙棘种质资源描述规范和数据标准

5 – 21　扁桃种质资源描述规范和数据标准

5 – 22　樱桃种质资源描述规范和数据标准

5 – 23　果梅种质资源描述规范和数据标准

5 – 24　树莓种质资源描述规范和数据标准

5 – 25　越橘种质资源描述规范和数据标准

5 – 26　榛种质资源描述规范和数据标准

# 6　牧草绿肥

6 – 1　牧草种质资源描述规范和数据标准

6 – 2　绿肥种质资源描述规范和数据标准

6 – 3　苜蓿种质资源描述规范和数据标准

6 – 4　三叶草种质资源描述规范和数据标准

6 – 5　老芒麦种质资源描述规范和数据标准

6 – 6　冰草种质资源描述规范和数据标准

6 – 7　无芒雀麦种质资源描述规范和数据标准